大数据丛书

PyTorch 深度学习快速入门指南

[美] 戴维·朱利安（David Julian） 著

韩旭明　王丽敏　译

机械工业出版社

CHINA MACHINE PRESS

PyTorch是一个开源的Python机器学习库，具有灵活性强、上手速度快和易于扩展等特点。本书从PyTorch出发，通过穿插实践练习的方式介绍深度学习，使读者对相关知识的理解更加深刻。

本书共分为6章。第1章介绍了PyTorch的安装和基本操作；第2、3章介绍了深度学习的基础知识、简单的线性模型以及计算图知识；第4、5章在前文的基础上进一步扩展，介绍了各种神经网络模型；第6章介绍了PyTorch的高级特性。对于每个概念，本书均给出了一个或数个简明扼要的示例，以方便读者理解。

本书适合有一定数学基础、熟悉Python编程并对机器学习基础知识有所了解的学生或相关从业人员阅读和学习。

Copyright © Packt Publishing 2018.

First published in the English language under the title 'Deep Learning with PyTorch Quick Start Guide-(9781789534092)'

This edition is authorized for sale in the Chinese mainland (excluding Hong Kong SAR, Macao SAR and Taiwan).

此版本仅限在中国大陆地区（不包括香港、澳门特别行政区及台湾地区）销售。未经出版者书面许可，不得以任何方式抄袭、复制或节录本书中的任何部分。

北京市版权局著作权合同登记　图字：01-2019-5824号。

图书在版编目（CIP）数据

PyTorch深度学习快速入门指南 /（美）戴维·朱利安（David Julian）著；韩旭明，王丽敏译 . —北京：机械工业出版社，2023.7
　　（大数据丛书）
书名原文：Deep Learning with PyTorch Quick Start Guide
ISBN 978-7-111-74467-2

Ⅰ . ① P… 　Ⅱ . ①戴… ②韩… ③王… 　Ⅲ . ①机器学习 – 指南
Ⅳ . ① TP181-62

中国国家版本馆 CIP 数据核字（2024）第 036996 号

机械工业出版社（北京市百万庄大街 22 号　邮政编码 100037）
策划编辑：路乙达　　　　　责任编辑：路乙达　张翠翠
责任校对：郑　婕 陈　越　封面设计：张　静
责任印制：张　博
北京雁林吉兆印刷有限公司印刷
2024 年 6 月第 1 版第 1 次印刷
169mm × 239mm · 6.25 印张 · 123 千字
标准书号：ISBN 978-7-111-74467-2
定价：39.00 元

电话服务　　　　　　　　　网络服务
客服电话：010-88361066　机 工 官 网：www.cmpbook.com
　　　　　010-88379833　机 工 官 博：weibo.com/cmp1952
　　　　　010-68326294　金 书 网：www.golden-book.com
封底无防伪标均为盗版　机工教育服务网：www.cmpedu.com

译 者 序

PyTorch 是一个基于 Torch 的 Python 开源学习库，它由 Facebook 的人工智能小组开发。PyTorch 的优点十分显著：从架构上看，PyTorch 是相当简洁且高效快速的框架，并且追求最少的封装；从设计上看，PyTorch 设计符合人类的思维，让用户尽可能地专注于实现自己的想法；从使用体验来看，PyTorch 入门简单，极易上手，并且有 PyTorch 开发者亲自维护的论坛供用户交流问题。因此，PyTorch 被广泛应用到机器学习领域。

现如今，人工智能方兴未艾，如语音识别、图像处理、推荐系统、大数据处理，相信在日常生活中你一定享受过人工智能带来的便利，然而人工智能的发展却是一波三折的。

山重水复疑无路，柳暗花明又一村

人工智能经历了三次浪潮、两次寒冬的洗礼。很多人都误认为人工智能是近几年才被创造出来的新概念，实际上，早在 1956 年美国达特茅斯学院的一次学术会议上就提出了"人工智能"这个概念，并且一直沿用至今。在当时，对于人工智能的研究进展非常缓慢，经过将近 50 年的发展，人工智能才逐渐进入人们的日常生活中。尤其是近 20 年，得益于大规模并行计算、大数据、深度学习算法和人脑芯片这四大"催化剂"的发展，以及计算成本的降低，使得人工智能技术的发展突飞猛进。它利用计算机和互联网的发展机遇，化名为商业智能、数据分析、信息化等，渗透到社会发展的每个角落。在医学、制造业、金融、航空、安防等不同的领域，人工智能都有广泛的应用，已经对人们的生活产生了巨大的影响。

纸上得来终觉浅，绝知此事要躬行

学习人工智能需要读者戒骄戒躁，认真理解原理，并将原理上机实践。计算机是以代码为基础的，没有代码的计算机学科就好比空中楼阁，因此建议读者每读完对应章节后就上机实现相应的代码，加深理解。本书共有 6 章，第 1 章主要介绍了 PyTorch 的基础知识和一些基本的数据操作，并介绍了一些相关的数学知识；第 2 章介绍了深度学习的相关基础知识，包括线性代数基础和相关的机器学习概念；第 3 章讨论了基础线性回归模型；第 4 章讨论了卷积神经网络并详细介绍了其内部结构；第 5 章介绍了其他神经网络架构，包括循环网络和长短期记忆网络；第 6 章深入探讨了 PyTorch 的高级特性，谈及了 PyTorch 的多处理器和分布式操作。

江山代有才人出，各领风骚数百年

读者阅读本书，无须惧怕深度学习理论中的各种复杂数学公式，在 PyTorch 框架的帮助下，仅需要学会如何使用 PyTorch 开发深度学习模型等操作即可快速入门深度学习。开始或许会感觉概念抽象，但随着不断阅读，便会渐入佳境，相信读者在本书的引导下，能够基于 PyTorch 框架轻松愉悦地进行深度学习的探索之旅。"有志者，事竟成"，希望读者能够坚持学习，勤于动手，勇于攀登知识的高峰，在阅读完本书后取得令自己满意的收获。

翻译《PyTorch 深度学习快速入门指南》的过程也是译者不断学习的过程。为了保证专业词汇翻译的准确性，译者在翻译过程中查阅了大量相关资料。但译者深感自身的英文水平有限，部分译文恐怕仍有些生硬，无法准确表达出原作者的真实想法和观点。因此，译者强烈建议英文水平过关的读者阅读英文原著。当前的翻译版本仍可能存在一些没有发现的问题。非常希望读者能够提出自己的宝贵建议，以帮助改进，并在此致以感谢。

最后，感谢梁艳春教授、郭建伟副教授对本书的翻译工作进行的技术指导。本组的博士、硕士研究生同学也参与了本书的部分校对工作，感谢各位同学的付出。

韩旭明

关于作者

戴维·朱利安（David Julian）是一名自由技术顾问和教育工作者。他曾在政府、私人和社区组织担任过各种项目的顾问，包括使用机器学习来探测农业环境中昆虫爆发的项目（城市生态系统有限公司，Bluesmart 农场）、事务管理数据系统的设计和实现（利斯莫尔市，可持续产业博览会）、多媒体互动装置的设计（阿德莱德大学）。他还为 Packt 出版社撰写了《机器学习系统设计：Python 语言实现》一书，并担任图书《Python 机器学习》和《基于 Python 的数据结构与算法实践》（第 2 版）的技术审稿人（已由 Packt 出版社出版）。

关于审稿人

Ashishsingh Bhatia 在 ERP、银行、教育和资源管理等不同领域具有超过 10 年以上的 IT 经验。他全身心投入，是一名学习者、读者和开发者。他对 Python、Java 和 R 语言充满激情，喜欢探索新技术。他已出版了两本书：《基于 Java 和 R 语言的机器学习》以及《基于 Java 的自然语言处理》。除此之外，他还录制了 PyTorch 系列视频教程。

前　　言

PyTorch 易于学习，并提供了诸多高级的功能，如支持多处理器以及分布式与并行计算等。它有一个预训练的模型库，为图像分类提供了预制好的解决方案，也为前沿深度学习提供了一个便捷的切入点。它与 Python 编程语言紧密结合，因此对于 Python 程序员而言，编码显得自然而直观。独特、动态地处理计算图的方式让 PyTorch 的使用既高效又灵活。

本书面向的读者

本书通过具体的实例让读者了解深度学习模型，它适用于任何一位想要通过直观、实用的介绍深入学习 PyTorch 的读者。本书非常适合这样一类人，他们熟悉 Python，了解一些机器学习的基础知识，并且正在寻找一种有效的方法来提高技术水平，同时希望通过具体的实验了解深度学习模型。本书聚焦于 PyTorch 非常重要的特征，并给出了实例。阅读本书的前提是读者对 Python 的操作知识有一定了解，并熟悉相关的数学知识，包括线性代数和微分学。本书提供了足够的理论知识，让读者无须系统地掌握数学即可开始学习。在学习本书后，读者将拥有深度学习系统的实践性知识，并能应用 PyTorch 模型来解决自己所关心的问题。

本书涵盖的内容

第 1 章　PyTorch 简介：引导读者启动和运行 PyTorch，介绍了它在各种平台上的安装方法，并探讨了关键语法细节以及如何在 PyTorch 中导入和使用数据。

第 2 章　深度学习基础知识：这是一次关于深度学习基础原理的"旋风之旅"，涵盖了数学和优化理论、线性网络和神经网络。

第 3 章　计算图和线性模型：介绍了如何计算线性网络的误差梯度，以及如何利用它对图像进行分类。

第 4 章　卷积网络：介绍了卷积网络的理论以及如何将其用于图像分类。

第 5 章　其他神经网络架构：讨论了循环网络的理论知识，并展示了如何使用它们对序列数据进行预测；除此之外，还介绍了长短期记忆网络，并建立了一个语言模型来预测文本。

第 6 章　充分利用 PyTorch：介绍了一些高级功能，如在多处理器和并行环境中使用 PyTorch。读者将使用预制好的预训练模型为图像分类构建一个灵活的解决方案。

从本书得到的收获

本书不预设任何专业知识背景，读者只需要具备扎实的计算机通用技能即可。Python 是一种相对容易学习（而且十分有用）的语言，所以即使读者仅有很少的经验甚至没有编程经验，也不必担心。

本书包含一些相对简单的数学和理论，一些读者在开始时可能会感到困难。深度学习模型是一种复杂的系统，即便是试图理解简单神经网络的行为，也是一项不平凡的工作。幸运的是，PyTorch 作为一种围绕这些复杂系统的高级框架，在没有对理论基础深入理解的情况下，也可能取得非常好的结果。

PyTorch 的安装非常容易，基本上只需要两个软件包：Python 的 Anaconda 发行版和 PyTorch 本身。它可以在 Windows 7 和 Windows 10、Mac OS 10.10 或以上，以及大多数 Linux 版本上运行，也可以在台式机或服务器环境中运行。本书中的所有代码都是使用运行在 Ubuntu 16 上的 PyTorch 1.0 和 Python 3 进行测试的。

下载示例代码文件

在 www.packt.com 网站上，读者可以通过自己的账户下载本书的示例代码文件。如果在其他地方购买了这本书，则可以访问 www.packt.com/support 并注册，即可将文件直接发送给读者。

读者可以通过以下步骤下载代码文件：

1. 登录 www.packt.com。
2. 选择 SUPPORT 选项卡。
3. 单击 Code Downloads & Errata。
4. 在搜索框中输入图书的名称，并按照界面上的说明操作。

下载文件后，应确保使用以下最新版本解压缩或提取文件夹：

- WinRAR/7-Zip for Windows。
- Zipeg/iZip/UnRarX for Mac。
- 7-Zip/PeaZip for Linux。

本书的代码包也托管在 GitHub 上，网址为 https：//github.com/PacktPublishing/Deep-Learning-with-PyTorch-Quick-Start-Guide。如果代码进行了更新，则将在现有的 GitHub 存储库中同时进行更新。

另外，还从大量的书籍和视频目录中获得了其他代码包，读者可在 https：//github.com/PacktPublishing/ 上查看。

下载彩色图片

本书还提供了一个 PDF 文件，其中包含本书使用的屏幕截图、图表的彩色图像。读者可以访问以下网址进行下载：

https://www.packtpub.com/sites/default/files/downloads/9781789534092_ColorImages.pdf

凡例

本书中有许多文本约定。

CodeInText：表示文本中的代码、数据库表名、文件夹名、文件名、文件扩展名、路径名、虚拟 URL、用户输入和 Twitter 账号。例如：将下载的 WebStorm-10*.dmg 磁盘映像文件作为系统中的另一个磁盘装入。

代码如下：

```
import numpy as np
x = np.array([[1, 2, 3], [4, 5, 6], [1, 2, 5]])
y = np.linalg.inv(x)
print (y)
print (np.dot(x,y))
```

当作者希望读者能够注意到代码块中的特定部分时，相关的行或项就会被加粗：

```
import numpy as np
x = np.array([[1, 2, 3], [4, 5, 6], [1, 2, 5]])
y = np.linalg.inv(x)
print (y)
print (np.dot(x,y))
```

加粗的内容：表示新术语、重要概念或读者在屏幕上看到的内容，如"从**管理**面板上选择**系统信息**"。

 警告或重要提示。

 提示和技巧。

有关 Packt 的更多信息，请访问 www.packt.com。

目　　录

第 1 章
PyTorch 简介

本章将介绍如何使用 PyTorch 框架进行深度学习。PyTorch 是学习深度学习的一个非常好的切入点，如果读者具备一些 Python 知识，便会发现学习 PyTorch 是一种易于理解、富有成效且具有启发性的体验。PyTorch 的核心优势是具有快速构建实验原形和验证想法的能力，同时也有可能将实验获得的模型转化为有效且可部署的资源。通过不断挑战并学习新知识，读者会收益良多。

PyTorch 是一种了解深度学习概念相对容易且轻松的工具。读者可能会惊讶于其只需要极少行的代码就可以解决常见的分类问题，如手写识别和图像分类。尽管 PyTorch 是很容易的，却不能忽视一个事实，即深度学习在很多方面都是困难的，其涉及一些复杂的数学知识和棘手的逻辑推理。然而，这不应该分散对这份研究中有兴趣和有用部分的注意力。毫无疑问，机器学习可以提供深刻的见解并解决人们身边重要的问题，但要做到这点还需要做出努力。

本书在不忽略重要观点的基础上，试图用一种通俗且简洁的方式来解释数学知识和逻辑推理。在求解复杂微分方程时出一身冷汗的人并不在少数，这可能与上学时的感受有关。一位脾气不好的数学老师有时会愤怒地要求学生引用欧拉公式或三角恒等式，这种教育方式存在一定问题。因为数学本身应该是有趣的，对其的深刻见解不是来自对公式的死记硬背，而是对关系和基本概念的理解。

让深度学习显得困难的另一个原因是其具有多样且动态的研究前沿。这可能会让初学者感到困惑，因为它没有提供明显的切入点。如果读者理解一些原理并要验证其想法，那么找到合适的工具可能是一项比较费力的工作。开发语言、框架、体系结构等组合展现了一个重要的决策过程。

机器学习已经成熟到出现了一组用于解决分类和回归等问题的通用算法。随后，人们创建了几个框架来利用这些算法强大的功能，并使用它们来解决常规性的问题。这意味着切入点处于这样的状态，即这些技术现在掌握在非计算机科学专业人员手中。不同领域的专家现在可以利用这些思想来推进他们的工作。在结束本书的学习后，只需稍加努力，便能构建和部署有用的深度学习模型来帮助解决感兴趣的问题。

本章将讨论以下几个主题：

• 什么是 PyTorch

- 安装 PyTorch
- 基本操作
- 加载数据

1.1　什么是 PyTorch

PyTorch 是一种基于张量的动态深度学习框架，可用于实验、研究和开发。它可以用作支持 GPU 的 NumPy 替代品，或是作为构建神经网络的一个灵活、高效的平台。动态图的创建与 Python 的高度集成使得 PyTorch 在深度学习框架中脱颖而出。

如果对深度学习的生态系统非常熟悉，那么像 Theano 和 TensorFlow 这样的框架，或者像 Keras 这样更高级别的衍生工具，都是非常受欢迎的。PyTorch 是深度学习诸多框架集合中的一个相对较新的成员，然而现在却正被 Google、Twitter 和 Facebook 广泛使用。PyTorch 能从其他框架中脱颖而出，是因为 Theano 和 TensorFlow 都是在静态结构中编码计算图，而这些静态结构需要在独立会话中运行。相比之下，PyTorch 可以动态地实现计算图，使得神经网络可以在运行时改变行为，且开销很少甚至没有开销。而在 TensorFlow 和 Theano 中要改变行为，必须从头开始重建网络。

PyTorch 的这种动态实现是通过一个基于磁带的自动微分的过程来实现的，它允许 PyTorch 表达式自动进行区分。这样有许多优点：首先，梯度可以实时计算；其次，由于计算图是动态的，所以可以在每次函数调用时进行更改，从而可以在循环和条件调用中以有趣的方式使用。例如，可以对输入参数或中间结果做出反应。这种动态行为和良好的灵活性使得 PyTorch 成为深受人们喜爱的深度学习实验平台。

PyTorch 的另一个优点是它与 Python 语言紧密结合。对于 Python 编程人员来说，它是非常直观的，并且可以与其他 Python 包（如 NumPy 和 SciPy）无缝互操作。PyTorch 易于进行实验，不仅是构建和运行有效模型的理想工具，而且是一种通过直接实验来理解深度学习原理的方式。

PyTorch 可以在多个**图形处理单元（GPUs）**上运行。深度学习算法的计算成本可能很高，对大数据集来说尤其如此。PyTorch 得益于强大的 GPU 加持，可进行进程间张量的智能内存共享。这基本上意味着，有一种高效且易于操作的方式可以在 CPU 和 GPU 之间分配处理负载。这对于测试和运行大型复杂模型所需要的时间有很大差别。

动态的图生成、紧密的 Python 语言集成和相对简单的 API 使得 PyTorch 成为研究和实验的优秀平台。然而，PyTorch 1.0 之前的版本存在一些缺陷，限制了它在生产环境中的出色表现。这一缺陷在 PyTorch 1.0 中得到了解决。

研究是深度学习的一个重要应用，但深度学习越来越多地被嵌入实时运行的应用程序中，如网络、设备或机器人。这样的应用程序可以同时为数千个查询提供服务，并与大量动态数据进行交互。尽管 Python 是最适合人们使用的语言之一，但其他语言也有各自的特点，最常见的是 C++ 和 Java。尽管构建一个特定深度学习模型的最佳方式可能是使用 PyTorch，但这可能不是部署它的最佳方法。现在，这不再是一个问题，因为使用 PyTorch 1.0 可以导出 PyTorch 模型的无 Python 表示。

这是通过 PyTorch 的主要利益相关者 Facebook 和微软之间的合作关系实现的，它们创建了**开放神经网络交换（ONNX）**，以帮助开发人员在框架之间转换神经网络模型，从而实现了 PyTorch 与更适合生产的框架 CAFFE2 的合并。在 CAFFE2 中，模型由纯文本模式表示，使得它们与语言无关。这意味着这些纯文本模式表示的模型更容易部署到 Android、iOS 或 Rasberry Pi 设备上。

考虑到这一点，PyTorch 1.0 扩展了其 API，包括生产就绪的功能，例如用于优化 Android 和 iPhone 的代码、**即时（JIT）**C++ 编译器和一些可以使模型以 Python-free 方式表示的方法。

综上所述，PyTorch 具有以下特征：
- 动态图表示。
- 与 Python 编程语言的高度集成。
- 高级和低级 API 的结合。
- 在多 GPU 上直接实现。
- 能够为导出和生产构建 Python-free 模型表示。
- 融合 CAFFE 框架扩展到海量数据。

1.2 安装 PyTorch

PyTorch 可以在 Mac OS X、64 位 Linux 和 64 位 Windows 上运行。请注意，Windows 目前还不能为 PyTorch 中的 GPU 提供支持。在安装 PyTorch 之前，需要在计算机上安装 Python 2.7、Python 3.5 或 Python 3.6。注意：要从不同的 Python 版本中安装正确的版本。建议安装 Python 的 Anaconda 发行版，可以从 https://anaconda.org/anaconda/python 获得。

Anaconda 包括 PyTorch 的所有依赖项，以及进行深度学习工作必不可少的工程、数学和科学库。这些将在本书中使用，所以除非要单独安装它们，否则请安装 Anaconda。

下面是本书中将使用的软件包和工具，它们都与 Anaconda 一起安装。
- NumPy：主要用于处理多维数组的数学库。
- Matplotlib：绘图和可视化的库。
- SciPy：用于科学与工程计算的软件包。
- Skit-Learn：机器学习库。
- Pandas：用于处理数据的库。
- IPython：笔记本式的代码编辑器，用于在浏览器中编写和运行代码。

安装 Anaconda 后，便可以安装 PyTorch。进入 PyTorch 网站：https://pytorch.

org/。这个网站的安装目录是一目了然的。只需选择操作系统、Python 版本和 CUDA 版本（如果有 GPU），然后运行相应的命令即可。

在安装 PyTorch 之前，应确保操作系统和从属程序包是最新的。Anaconda 和 PyTorch 尽管可以在 Windows、Linux 和 Mac OS 上运行，但 Linux 可能是其中最常用和最稳定的操作系统。在本书中，将在 Linux 中运行 Python 3.7 和 Anaconda 3.6.5。

本书中的代码是在 Jupyter Notebook 中编写的，这些代码可以从本书的网站中获得。

读者可以选择在自己的机器上设置 PyTorch 环境，也可以选择在云服务器上远程设置。两种方式各有利弊。一方面，在本地设置通常能够更容易、更快捷地上手。如果对 SSH 和 Linux 终端不熟悉，那么只需要安装 Anaconda 和 PyTorch 即可。此外，可以选择并控制自己的硬件，其费用是提前支付的，但从长远来看，它往往更便宜。因为一旦开始有扩展硬件的需求，云解决方案就会变得昂贵。另一方面，本地设置可以选择并自定义**集成开发环境（IDE）**。事实上，Anaconda 有自己优秀的桌面 IDE，称为 Spyder。

在构建自己的深度学习硬件并且需要 GPU 加速时，需要牢记以下几点：
- 使用 NVIDIACUDA 兼容的 GPU（如 GTX 1060 或 GTX 1080）。
- 使用至少具有 16 个 PCIe 通道的芯片组。
- 使用至少 16GB 的 RAM。

在云服务器上远程设置提供了在任何机器上工作的灵活性，并且更容易尝试不同的操作系统、平台和硬件。此外，还可以更轻松地共享和协作。入门时的费用通常很少，甚至免费，但随着项目变得更加复杂，需要为更大的容量付费。

本节简单地介绍两个云服务器主机的安装过程：Digital Ocean 和 Amazon Web Services。

1.2.1　Digital Ocean

Digital Ocean 为云计算提供了一个最简单的切入点。它提供了可预测的简单支付结构和明确的服务器管理。不幸的是，Digital Ocean 目前不支持 GPU。它功能是围绕着 droplet（即预先建立的虚拟专用服务器实例）展开。以下是设置 droplet 所需要的步骤：

1）在 Digital Ocean 注册一个账户。网址为 https://www.digitalocean.com/。

2）单击 **Create** 按钮并选择 **New Droplet** 选项。

3）选择 Linux 的 Ubuntu 发行版，并选择 2GB 以上的计划。

4）如果需要，可选择 CPU 优化。开始时使用默认值即可。

5）选择设置公共 / 私人密钥加密。

6）使用发送的电子邮件中包含的信息设置一个 SSH 客户端（如 PuTTY）。

7）通过 SSH 客户端连接到 droplet，并使用 curl 命令进行最新的 Anaconda 安装程序。可以在 https：//repo.continuum.io/ 中找到特定环境的安装程序的位置。

8）使用以下命令安装 PyTorch：

conda install pytorch torchvision -c pytorch

一旦启动了 droplet，便可以通过 SSH 客户端访问 Linux 命令。通过命令提示符可以使用 curl 命令最新的 Anaconda 安装程序，访问 https：//www.anaconda.com/download/#linux 可下载 Anaconda 安装程序。

安装脚本也可从 https：//repo.continuum.io/archive/ 的连续存档中获得。

进入 IPython 环境

IPython 是一种通过 Web 浏览器编辑代码的简单且方便的方法。如果是在台式计算机上工作，那么只需启动 IPython 并将浏览器指向 localhost：8888 即可。localhost：8888 是运行 IPython 服务器 Jupyter 的端口。然而，如果在云服务器上工作，那么处理代码的一种常见方法是使用 SSH 通道进入 IPython。进入 IPython 的步骤如下：

1）在 SSH 客户端中，将目标端口设置为 localhost：8888。在 PuTTY 中，转至 "Connection | SSH | Tunnels"。

2）将源端口设置为 8000 以上的任何端口，以避免与其他服务发生冲突。单击 Add 按钮，保存这些设置并打开连接，然后正常登录到 droplet。

3）通过在服务器实例的命令提示符中输入 jupyter notebook 来启动 IPython 服务器。

4）通过将浏览器指向 "localhost：source port" 格式的接口来访问 IPython，如 localhost：8001。

5）启动 IPython 服务器。

注意，首次访问服务器时需要一个 Token 认证。这可以从启动 Jupyter 后的命令输出中获得。读者可以把此输出中给出的 URL 直接复制到浏览器地址栏中，将端口地址更改为本地源端口地址，如 8001；或者可以将 "token=" 之后的部分粘贴到 Jupyter 启动页面中，然后用密码代替以便日后使用。现在应该可以打开、运行和保存 IPython Notebook（IPython Notebook 是基于 Web 的 Python 服务端集成开发环境）了。

1.2.2　Amazon Web Services（AWS）

AWS 是最早期的云计算平台，其以高度可扩展的架构而闻名，提供了各种各样的产品。AWS 的初始化需要运行一个简单的 EC2 实例。从 AWS 控制面板的 "**服务**" 选项卡进行访问，选择 **EC2**，然后选择**启动实例**，这里选择所需的机器映像。

AWS 提供了几种专门用于深度学习的机器映像，可以随意尝试其中的任何一种。本书使用的是适用于 Ubuntu 10 的深度学习 AMI，它附带针对 PyTorch 和 TensorFlow 的预安装环境。选择 AMI 之后，便可以选择其他选项。通常具有 2GB 内存的默认 T2 micro 实例就足够使用了，但是如果需要 GPU 加速功能，则需要使用 T2 medium 实例类型。

最后，在启动实例时，将会提示创建并下载公钥 - 私钥对。然后，可以按照前面的说明，使用 SSH 客户端连接到服务器实例，并直接连接到 Jupyter Notebook。再次查看文档以获取更详细的信息。

1.3 PyTorch 的基本操作

张量（Tensor）是 PyTorch 的重要组成部分。如果了解线性代数，那么张量就等价于一个矩阵。Torch 张量实际上是 numpy.array 对象的扩展。张量是深度学习系统中一个重要的概念组成部分，所以充分理解它们的工作原理是很重要的。

在下面的例子中将看到一个大小为 2×3 的张量。在 PyTorch 中，可以像创建 NumPy 数组一样创建张量。例如，可以向它们传递嵌套列表，代码如下：

```
import torch
x = torch.tensor([[1, 2, 3], [4, 5, 6]])
y = torch.tensor([[7, 8, 9], [10, 11, 12]])
f = 2*x + y
print(f)
tensor([[9, 12, 15],
        [18, 21, 24]])
```

这里创建了两个张量，每个维度都是 2×3。可以看到，已经创建了一个简单的线性函数（更多关于线性函数的内容请参见第 2 章），将其应用于 x 和 y 并输出结果，可以通过图 1-1 对此进行直观的描述。

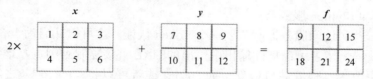

图 1-1　创建线性函数

正如从线性代数中学到的，矩阵的乘法和加法是按元素顺序计算的，所以对于 x 的第一个元素，可以把它写成 X_{00}。这个乘以 2，然后加上 y 的第一个元素，写成 Y_{00}，得到 $F_{00} = 9$。$X_{01} = 2$ 加上 $Y_{01} = 8$ 得出 $F_{01} = 4 + 8 = 12$。注意，下标从 0 开始。

如果从未学习过线性代数，也请不要太担心，因为会在第 2 章复习这些概念，并且很快就会练习到 Python 索引。现在，只需将 2×3 的张量视为带有数字的表格即可。

1.3.1 默认值初始化

在很多情况下，需要将 Torch 张量初始化为默认值。这里创建了 3 个 2×3 的张量，用 0、1 和随机浮点数填充它们，代码如下：

```
shape = [2, 3]
xzeros = torch.zeros(shape)
xones = torch.ones(shape)
xrnd = torch.rand(shape)
print(xzeros)
print(xones)
print(xrnd)
tensor([[0., 0., 0.],
        [0., 0., 0.]])
tensor([[1., 1., 1.],
        [1., 1., 1.]])
tensor([[0.7104, 0.9464, 0.7890],
        [0.2814, 0.7886, 0.5895]])
```

随机初始化数组时，需要考虑的一个重要问题是可重复性种子（Seed）。多次运行上述代码时，每次都会得到不同的随机数数组。在机器学习中，通常需要能够重现结果，这就需使用随机种子来实现。下面的代码对此进行了演示：

```
torch.manual_seed(42)
print(torch.rand([2, 3]))
tensor([[0.8823, 0.9150, 0.3829],
        [0.9593, 0.3904, 0.6009]])
```

注意，当多次运行这段代码时，张量值保持不变。如果通过删除第一行来删除种子，那么每次运行该代码时张量值都会不同。使用什么数字作为随机数生成器的种子并不重要，只要它是一致的，就能得到可重复的结果。

1.3.2　张量和 NumPy 数组之间的转换

转换 NumPy 数组的操作就像使用 Torch 张量对其执行操作一样简单。下面的代码清楚地说明了这一点：

```
import numpy as np
xnp = np.array([[1, 2, 3],[4, 5, 6]])
f2 = xnp + y
print(f2)
f2.type()
tensor([[8, 10, 12],
        [14, 16, 18]])
'torch.LongTensor'
```

从上面的代码中可以看到 Torch 张量类型的结果。在很多情况下，可以将 NumPy 数组与张量互换使用，并始终确保结果是一个张量。然而，有时需要明确地从一个数组中创建一个张量。这可以通过 torch.from_numpy() 方法来实现：

```
xtensor = torch.from_numpy(xnp)
```

```
print(xtensor)
print(xtensor.type())
tensor([[1, 2, 3],
        [4, 5, 6]])
torch.LongTensor
```

要将张量转换为 NumPy 数组，只需调用 torch.numpy() 函数：

```
print(f.type()) #调用张量类型方法
fnp = f.numpy() #从张量中创建一个数组
type(fnp) #使用 Python 内置 type()
torch.LongTensor
numpy.ndarray
```

请注意，上述代码中使用的是 Python 内置的 type() 函数，如 type(object)，而不是之前使用的 tensor.type()，因为 NumPy 数组没有 type 属性。另一件需要理解的重要事情是 NumPy 数组和 PyTorch 张量共享相同的内存空间。例如，如果这里更改一个变量值则会发生什么，代码如下：

```
a = np.ones(3)
t = torch.from_numpy(a) #从数组中创建一个张量
b = t.numpy() #从张量中创建一个数组
b[1] = 0 #更改数组中的一个值
print(a[1] == b[1]) #该值在原始数组中更改
print(t) #在张量中更改，它们共享相同的内存
Ture
tensor([1., 0., 1.], dtype=torch.float64)
```

还要注意，当输出一个张量时，它返回一个元组，该元组由张量本身及它的 dtype（数据类型）或数据类型属性组成。这点很重要，因为有些 dtype 的数组不能转换为张量。比如，考虑下面的代码：

```
int8np = np.ones((2,3),dtype=np.int8)
bad = torch.from_numpy(int8np)
```

这里将会生成一个错误信息，告知用户只有受支持的 dtype 才能被转换为张量。显然，int8 是不受支持的类型之一。因此可以通过在将 int8 数组传递给 torch.from_numpy() 之前将其转换为 int64 数组来解决此问题。采用 numpy.astype() 函数执行此操作，代码如下：

```
good = torch.from_numpy(int8np.astype(np.int32))
good.type()
'torch.IntTensor'
```

了解 NumPy dtype 数组如何转换为 Torch dtype 也很重要。在上面的例子中，NumPy int32 转换成了 IntTensor。Torch dtype 及其 NumPy 等价项见表 1-1。

表 1-1 Torch dtype 及其 NumPy 等价项

NumPy 类型	Torch dtype	Torch 类型	描述
int64	torch.int64 torch.float	LongTensor	64 位整型
int32	torch.int32 torch.int	IntegerTensor	32 位有符号整型
uint8	torch.uint8	ByteTensor	8 位无符号整型
float64 double	torch.float64 torch.double	DoubleTensor	64 位浮点型
float32	torch.float32 torch.float	FloatTensor	32 位浮点型
	torch.int16 torch.short	ShortTensor	16 位有符号整型
	torch.int8	CharTensor	6 位有符号整型

张量默认的 dtype 是 FloatTensor。也可以通过使用张量的 dtype 属性来指定特定的数据类型。举个例子，请参见以下代码：

```
xint = torch.ones((2,3), dtype=torch.int)
xint.type()
'torch.IntTensor'
```

1.3.3 切片、索引和重塑

torch.Tensor 具有 NumPy 的大部分属性和功能。例如，可以用与 NumPy 数组相同的方式对张量进行切片和索引。

```
print(x[0])
print(x[1][0:2])
[1 2 3]
[4 5]
```

上述代码中，第一行代码输出了 x 的第一个元素，记作 x_0；第二行代码输出了 x 的第二个元素的切片，本例中是 x_{11} 和 x_{12}。

若还没有接触过切片和索引，那么读者需要回看一下。注意，索引是从 0 开始的，而不是从 1 开始的，下标符号与此保持一致。还需注意，切片 $x[1][0:2]$ 包含元素 x_{11} 和 x_{12}，不包括切片中指定的结束索引，即索引 2。

可以使用 view() 函数创建一个现有张量的重塑副本。以下是 3 个例子：

```
print(x.view(-1))
print(x.view(3,2))
print(x.view(6,1))
tensor([1, 2, 3, 4, 5, 6])
tensor([[1, 2],
        [3,4]
        [5,6]])
tensor([[1],
```

```
        [2],
        [3],
        [4],
        [5],
        [6]])
```

（3，2）和（6，1）的作用很明显，但第一个例子中的 −1 呢？它在需要的列数已知且行数未知时是有用的。这里指明 −1 是告知 PyTorch 计算所需的行数，在没有其他维度的情况下使用它会创建一个单行张量。如果不知道输入张量的形状，但是知道它需要有 3 行，则可以将第二个例子进行改写，代码如下：

```
print(x.view(3,-1))
tensor([[1, 2],
        [3, 4],
        [5, 6]])
```

交换轴或转置是重要的操作。对于一个二维张量，可以使用 tensor.transpose() 将要转置的轴传给它。在这个例子中，原来的 2×3 张量变成了 3×2 张量。行变成了列，代码如下：

```
print(x.transpose(0,1))
tensor([[1, 4],
        [2, 5],
        [3, 6]])
```

在 PyTorch 中，transpose() 一次只能交换两个轴。可以在多个步骤中使用 transpose()；更方便的方法是使用 permute() 将想要交换的轴传递给张量。下面的代码清楚地说明了这一点：

```
a = torch.ones(1, 2, 3, 4)
print(a.transpose(0, 3).transpose(1, 2).size())    #分两步互换维度
print(a.permute(3, 2, 1, 0).size())                #一次性交换所有维度
torch.Size([4, 3, 2, 1])
torch.Size([4, 3, 2, 1])
```

在考虑二维张量时，可以将它们可视化为平面表格。进入更高的维度时，这种视觉表现就变得不可能，因为这是用完了受空间条件限制的维度。深度学习的神奇之处在于它所涉及的数学并不重要。现实世界的特征都被编码到数据结构的维度中。因此，人们可能正在处理成千上万维的张量。虽然这可能会使人感到不安，但大多数可以在二维或三维空间中阐明的想法在高维空间中也同样适用。

1.3.4　原地操作

理解原地操作和赋值操作之间的区别是很重要的。例如，使用 transpose(x) 时会返回一个值，但 *x* 的值不会改变。到目前为止，所有的例子都是通过赋值来执

行的。也就是说，用户一直在为操作的结果分配一个变量，或者只是把它打印到输出中，就像前面的实例一样。在这两种情况下，原始变量都保持不变。作为选择，可能需要在原地应用一个操作。当然可以将一个变量赋值给它自己，如 x=x. transpose(0,1)，然而更方便的方法是使用原地操作。一般来说，对于 PyTorch 中的原地操作，尾部有一个下画线。举个例子，代码如下：

```
print(x)
x.transpose_(1, 0)
print(x)
tensor([[1, 2, 3],
        [4, 5, 6]])
tensor([[1, 4],
        [2, 5],
        [3, 6]])
```

再举一个例子，本章开始时对 *y* 使用原地操作时的线性函数：

```
print(y)
y.add_(x*2)
print(y)
tensor([[7, 8, 9],
        [10, 11, 12]])
tensor([[9, 12, 15],
        [18, 21, 24]])
```

1.4 加载数据

在深度学习项目上花费的大部分时间都是在与数据打交道，而深度学习项目会失败的主要原因是因为劣质的数据，或是对数据理解得不透彻。当在使用公开的、结构良好的数据集时，这个问题往往就会被忽视。这里的重点是学习模型，让深度学习模型发挥作用的算法本身就足够复杂了，而这种复杂性不会因为一些部分已知的东西而变得更加复杂，比如一个不熟悉的数据集。现实世界的数据是有噪声的、不完整的且容易出错的。在这些混杂性的数据中，如果深度学习算法没有给出合理的结果，那么在排除了代码中的逻辑错误后，劣质的数据或者人们对数据错误的理解，都可能是罪魁祸首。

因此，抛开对数据的处理，在了解到深度学习具有有价值的现实世界洞察力后，应该如何学习深度学习呢？出发点是尽可能多地消除变量，这可以通过使用已知和代表特定问题的数据来实现，比如分类。这使得用户既有一个深度学习任务的起点，也有测试模型想法的标准。

MNIST 手写数字数据集是最著名的数据集之一，其任务通常是对从 0 ~ 9 的每个数字进行正确分类，最佳模型得到的错误率大约为 0.2%。用户可以将这个性能良好的模型应用到任何视觉分类任务中，只要稍加调整，就能得到不同的结果。

由于数据不同，人们不太可能得到接近 0.2% 的结果。如何调整深度学习模型以适应细微的数据差异，是一个成功的深度学习从业者的关键技能之一。

这里以从彩色照片中进行人脸识别的图像分类任务为例。虽然同样是分类任务，但是需要考虑数据类型和结构的差异来决定如何更改模型，如何做到这一点是机器学习的核心所在。例如，如果处理的是彩色图像，而不是黑白图像，则需要两个额外的输入通道，还需要每个可能类别的输出通道。在手写字分类任务中，需要 10 个输出通道，每个数字有一个通道。对于人脸识别任务，会考虑为每张目标人脸（如警察数据库中的罪犯人脸）设置一个输出通道。

显然，数据类型和结构是一个重要的考虑因素。图像数据的结构方式与音频信号或医疗设备等的输出方式大不相同。如果试图通过声音对人的名字进行分类，或者通过症状对疾病进行分类，那么会怎么样呢？它们都是分类任务，然而在每种特定的情况下，代表这些声音和症状的模型将会有很大的不同。为了在不同情况下构建合适的模型，需要非常了解正在使用的数据。

讨论不同数据类型、格式、结构的细微差别和微妙之处超出了本书的范围。本书能做的是简单介绍 PyTorch 中数据处理的工具、技术和最佳实践。深度学习数据集通常非常大。在将数据提供给模型之前，需要转换数据、批量输出数据、随机处理数据以及对数据执行许多其他操作，需要能够在不将整个数据集加载到内存中的情况下完成所有事情，因为有些数据集实在太大了。PyTorch 在处理数据时采用了对象方法为每个特定的操作创建类对象。

1.4.1 PyTorch 数据集加载器

PyTorch 包含多个数据集的数据加载器，以帮助读者入门。torch.dataloader 是用于加载数据集的类。表 1-2 所示为 Torch 数据集的列表和简要说明。

表 1-2 Torch 数据集的列表和简要说明

数据集列表	简要说明
MNIST	用于手写数字 0 ~ 9，是 NIST 手写字符数据集的子集，包含 60000 个测试图像的训练集和 10000 个测试集
Fashion-MNIST	MNIST 的一个嵌入式数据集。包含时装项目的图像，如 T 恤、裤子、毛线套衫
EMNIST	基于 NIST 的手写字符，包括字母和数字，并分为 47、26 和 10 种分类问题
COCO	超过 100000 张图片被分类为日常物品如背包和自行车。每张图片可以有多个类别
LSUN	用于图像的大规模场景分类，如卧室、桥梁、教堂
Imagenet-12	大规模的视觉识别数据集，包含 120 万幅图像和 1000 个类别。使用 ImageFolder 类实现，其中每个类都在一个文件夹中
CIFAR	60000 张低分辨率（32,32）彩色图像，分为 10 个互斥的类别，如飞机、卡车和汽车
STL10	与 CIFAR 类似，但具有更高的分辨率和更多未标记的图像
SVHN	从谷歌街景中获得的 600000 张街道号码的图像，用于识别现实世界环境中的数字
PhotoTour	学习局部图像描述符。由 126 个补丁组成的灰度图像和一个描述符文本文件组成，用于模式识别

如何将这些数据集加载到 PyTorch 中，下面是一个典型例子：

```
import torch
import torchvision
import torchvision.transforms as transforms
trainset = torchvision.datasets.CIFAR10(root = './data', #数据根目录
                      train=True#                          训练集
                      download = True, #检查数据是否下载
                      transform = transforms.ToTensor()) #转换成张量
trainset
Files already downloaded and verified
Dataset CIFAR10
Number of datapoints: 50000
Split: train
Root Location: ./data
Transforms (if any): ToTensor()
Target Transforms (if any): None
```

CIFAR10 是 torch.utils.dataset 中的一个对象。上述代码中向它传递了 4 个参数。root 指定一个相对于代码运行位置的数据集根目录；train 是一个布尔类型变量，表示要加载测试集还是训练集；download 是一个布尔值，如果设置为 True，则将检查数据集是否已经下载；还有一个可调用的变换，在本例中，选择的变换是 ToTensor()。ToTensor() 是 torchvision.transforms 的一个内置类，它使该类返回一个张量。

数据集的内容可以通过一个简单的查找索引来检索，还可以用 len() 函数检查整个数据集的长度，也可以按顺序遍历数据集。下面的代码演示了这一点：

```
for i in range(len(trainset)):
        print('size of image {} label {}'.format(trainset[i][0].
size(), trainset[i][1]))
        if i>2: break
size of image torch.Size([3, 32, 32]) label 6
size of image torch.Size([3, 32, 32]) label 9
size of image torch.Size([3, 32, 32]) label 9
size of image torch.Size([3, 32, 32]) label 4
```

显示图像

CIFAR10 数据集对象可返回一个元组，其中包含一个图像对象和一个表示图像标签的数字。从图像数据的大小可以看出，每个样本都是一个 $3 \times 32 \times 32$ 的张量，代表了图像中 3072 个像素中每个像素的 3 个颜色值。重要的是，这与 Matplotlib 使用的格式不完全相同。张量处理图像的格式是 [color, height, width]，而 NumPy 处理图像的格式是 [height, width, color]。要绘制图像，需要使用 permute() 函数来交换轴，或者将其转换为 NumPy 数组并使用 transpose() 函数。注意，不需要将图像转换为 NumPy 数组，因为 Matplotlib 会显示正确排列的张量。下面的代

码清楚地说明了这一点：

```
import matplotlib.pyplot as plt
%matplotlib inline
torchimage = trainset[0][0] #指明第一个元组的第一个元素是第一个图像
npimage = torchimage.permute(1, 2, 0) #将维度 C H W 变成 H W C
plt.imshow(npimage) #绘制图像，不需要转换为 NumPy
<matplotlib.image.AxesImage at 0x7f1fa7c594a8>
```

数据加载器

在一个深度学习模型中，人们可能并不总是希望每次加载一个图像或每次都以相同的顺序加载图像。在这种情况下，通常使用 torch.utils.data.DataLoader 对象。DataLoader 提供了一个多用途迭代器，能以规定的方式对数据进行采样，比如批量采样或乱序采样（将序列的所有元素随机排序再采样），它也是在多处理器环境中分配工作进程的一个方便场所。

下面的代码对数据集进行分批采样，每批 4 个样本：

```
trainloader = torch.utils.data.DataLoader(trainset, batch_size=4,
shuffle=True)
dataiter = iter(trainloader) #从数据加载器对象创建迭代器
images, labels = dataiter.next() #为批处理中的图像和标签构建张量
print(labels[0: ]) #打印批处理中图像的标签
print(images.size()) #打印批处理的大小
tensor([6, 2, 0, 6])
tensor([4, 3, 32, 32])
```

这里的 DataLoader 返回一个由两个张量组成的元组。第一个张量包含了批处理（batch）中 4 幅图像的图像数据，第二个张量是图像标签。每一组都包括 4 个样本。在迭代器上调用 next() 会采集下一组 4 个样本。在机器学习的术语中，对整个数据集的每一次传递被都称为一个 epoch。这种技术被广泛用于训练和测试深度学习模型。

创建自定义数据集

Dataset 类是一个表示数据集的抽象类，其作用是采用一致的方式来表示数据集的特定特征。在处理不熟悉的数据集时，创建 Dataset 对象是理解和表示数据结构的一个好方法。它可以与 data loader 类一起使用，以一种简洁且高效的方式从数据集中抽取样本。图 1-2 所示为类使用流程。

人们对 Dataset 类执行的常见操作包括检查数据的一致性、应用转换方法、将数据分为训练集和测试集，以及加载单个样本。

在下面的例子中将使用一个小型玩具数据集，该数据集由分类为玩具和非玩具的对象图像组成。这代表了一个简单图像分类问题，模型在一组带标记的图像上进行训练。深度学习模型需要以同样的方式应用各种转换后的数据，可能需要分批抽取样本，并将数据顺序打乱。用于表示这些数据任务的框架可以极大地简

化和增强深度学习模型。

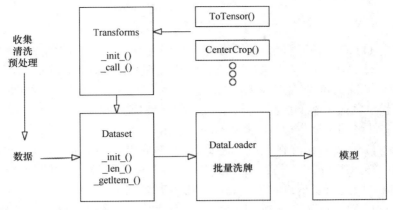

图 1-2　类使用流程

本例创建了一个较小的数据集子集和一个 labels.csv 文件。它们可以在本书 GitHub 存储库中的 data/GiuseppeToys 文件夹中找到。表示该数据集的类的代码如下：

```python
from torch.utils.data import Dataset, DataLoader
from torchvision import transforms
from PIL import Image
import torch
import csv
import os
class toyDataset(Dataset):
    def __init__(self, dataPath, labelsFile, transform=None):
        self.dataPath = dataPath   # 数据目录的路径
        self.transform = transform   # 一个变换对象
        #构建一个 (name, Label) 元组的列表
        with open(os.path.join(self.dataPath,labelsFile)) as f:
          self.labels = [tuple(line) for line in csv.reader(f)]
        #检查所有图像文件是否存在
        for i in range(len(self.labels)):
            assert os.path.isfile(dataPath + '/' + self.labels[i]
[0])
    #可以使用 dataset.Len()
    def __len__(self):
        return len(self.labels)
    #可以使用索引
    def __getitem__(self, idx):
        imageName, imageLabel = self.labels[idx][0:]
        iamgePath = os.path.join(self.dataPath, imageName)
        image = Image.open(open(imagePath, 'rb'))
        #如果需要，可转换图像
```

```
            if self.transform:
                image = self.transform(image)
            return ((image, imageLabel))
```

　　__init__() 函数会初始化类的所有属性。因为它只在第一次创建实例时调用一次来完成所有操作，所以会执行全部的内务处理（Housekeeping）功能，如读取 CSV 文件、设置变量和检查数据的一致性。人们只执行有关整个数据集的操作，所以不下载净负荷（本例中是一个图像），但是确保关于数据集的关键信息（如目录路径、文件名和数据集标签）都存储在变量中。

　　__len__() 函数只允许在数据集上调用 Python 内置的 len() 函数。在这里，其仅仅返回标签元组列表的长度，表示数据集中图像的数量。用户需要确保其尽可能简单可信，因为需要依靠它来正确地遍历数据集。

　　__getitem__() 函数是在 Dataset 类定义中重写的一个内置 Python 函数。这是 Dataset 类提供的功能，类似于 Python 序列索引。进行索引查询时经常会调用此方法，所以要确保它只执行检索样本所需的操作。

　　为了将此功能用于自己的数据集中，需要创建一个自定义数据集的实例，代码如下：

```
toydata = toyDataset('data/GiuseppeToys','labels.csv',
                     transform= transforms.Totensor())
print(toydata[0][0].size())    #数据集中第一个图像的大小
print(toydata[0][1])  #标签
torch.Size([3, 551, 816])
toy
```

转换

　　除了使用 ToTensor() 转换之外，Torchvision 包还提供许多种专门用于 Python 图像处理库中图像的转换。可以使用 compose() 函数对数据集对象应用多种转换，代码如下：

```
tforms = transforms.Compose([transforms.Grayscale(3),
                             transforms.CenterCrop(300), trans-
forms.Totensor()])
    toyData = toyDataset('data/GiuseppeToys', 'labels.csv', transform =
tforms)
```

　　Compose 对象本质上是一个转换的列表，可以将其作为单个变量传递给数据集。值得注意的是，图像转换只能应用于 PIL 图像数据，而不能应用于张量。由于组合中的转换是按照它们列出的顺序进行的，所以最后执行 ToTensor 转换至关重要。如果它在 Compose 列表中置于 PIL 转换之前，则会产生错误。

　　最后，可以通过使用 DataLoader() 函数加载一批经过转换的图像来检查其是否正常运行，代码如下：

```
toyloader = DataLoader(toyData, batch_size=4, shuffle = True)
toyiter = iter(toyloader)
images, labels = toyiter.next()
print(labels[0:])
print(images.size())
('notoy', 'toy', 'toy', 'toy')
torch.Size([4, 3, 500, 500])
```

1.4.2 使用 ImageFolder 类构建数据结构

数据集对象的主要功能是从数据集中抽取一个样本，而 DataLoader 的功能是将一个样本或一批样本交付给深度学习模型进行评估。在编写自己的数据集对象时，需要考虑的主要内容之一是从磁盘文件上组织的数据如何在可访问内存中构建数据结构。依照自身的需求，一种常见的组织数据方式是在按类别命名的文件夹中访问。假设本例中有 3 个文件夹，分别命名为 toys、notoys 和 scenes，它们包含在父文件夹 images 中。每个文件夹都表示其中所包含文件的标签。用户需要能够加载它们，同时将它们保留为单独的标签。值得高兴的是，有一个类可以做到这点，并且如同 PyTorch 中的大多数方法一样，它非常易于使用，即 torchvision.datasets.ImageFolder，其用法如下：

```
from torchvision import datasets
dataFromFolders = datasets.ImageFolder(root ='data/GiuseppeToys/
images',
                                       transform=tforms)
folderloader = DataLoader(dataFromFolders, batch_size=4,
shuffle=True)
images, labels = iter(folderloader).next()
print(labels)
tensor([2, 2, 1, 3])
```

在 data/GiuseppeToys/images 文件夹中，有 3 个文件夹，分别是 toys、notoys 和 scenes，其内部包含了图像，它们的文件夹名称表示标签。注意，使用 DataLoader 检索的标签是用整数表示的。在本例中有 3 个文件夹，分别代表 3 个标签，DataLoader 返回整数 1~3，分别代表图像标签。

1.4.3 连接数据集

可以使用 torch.utils.data.ConcatDataset 类来连接数据集。该类可获取一个数据集列表，并返回一个连接的数据集。下面的代码中首先添加了两个转换，删除了蓝色通道和绿色通道。然后创建另外两个数据集对象，应用这些转换。最后将 3 个数据集连接成一个。本例代码如下：

```
cc2, cc3 = RemoveChannel('b'), RemoveChannel('g')
tforms2 = transforms.Compose([transforms.CenterCrop(500),
```

```
                                   transforms.ToTensor(), cc2])
tforms3 = transforms.Compose([transforms.CenterCrop(500),
                                   transforms.ToTensor(), cc3])
toydata2 = ToyDataset('data/GiuseppeToys', 'labels.csv',
                         transform = tforms2, train = True)
toydata2 = ToyDataset('data/GiuseppeToys', 'labels.csv',
                         transform = tforms3, train = True)
concatDataset = torch.utils.data.ConcatDataset([toydata, toydata2,
toydata3])
len(concatDataset)
```
324

1.5 小结

本章介绍了 PyTorch 的一些特性和操作，概述了安装平台和程序。读者可学习到一些张量运算的知识，以及如何在 PyTorch 中执行它们。另外，读者应该已经明白了原地操作和赋值操作之间的区别，也应该理解了张量索引和切片的基础知识。在本章的后半部分，介绍了如何将数据加载到 PyTorch 中，讨论了数据的重要性以及如何创建一个 dataset 对象来表示自定义数据集。除此之外，本章还介绍了 PyTorch 中的内置数据加载器，并讨论了如何使用 ImageFolder 对象表示文件夹中的数据，还研究了如何连接数据集。

下一章将对深度学习的基本原理及其在机器学习领域的地位进行简单的介绍。读者可快速了解其中所涉及的数学概念，包括对线性模型的研究和处理它们的常用技术。

第 2 章
深度学习基础知识

深度学习通常被认为是机器学习的子集，其包括对**人工神经网络（ANNs）**的训练。人工神经网络是机器学习的前沿领域，可以解决涉及大量数据的复杂问题。具体来说，很多机器学习的原则通常在深度学习中也很重要，所以本章将介绍这些原则。

本章涉及以下几个部分：

- 机器学习的方法
- 学习任务
- 特征
- 模型
- 人工神经网络

2.1 机器学习的方法

如果要构建一个垃圾邮件过滤器，那么可以从编制一份频繁出现在垃圾邮件中的词汇清单开始。垃圾邮件过滤器会扫描每封邮件，当邮件内出现在黑名单上的单词数量达到阈值时，它将被归类为垃圾邮件。这种方法称为基于规则的方法，流程如图 2-1 所示。

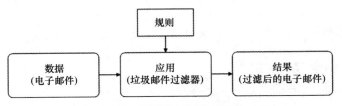

图 2-1 基于规则的垃圾邮件过滤流程

这种方法的问题是一旦垃圾邮件的作者知道了规则，就能精心制作出可以避开这个过滤器的邮件。负责维护垃圾邮件过滤器这项艰巨任务的人必须不断更新规则列表。机器学习可以有效地自动执行规则更新过程，即构建并训练一个模型，而非写下一系列规则。这样构建的过滤器会更准确，可以分析海量数据。它能够检测数据中的模式，而这些模式在有意义的时间内[○]是不可能由人工检测出的。基于模型的垃圾邮件过滤流程如图 2-2 所示。

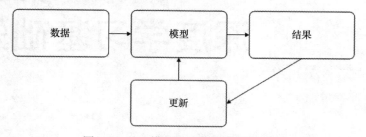

图 2-2　基于模型的垃圾邮件过滤流程

机器学习有很多种方法，它们的基本特征如下：

• 是否使用带标签的训练数据训练模型。这里有几种可能性，包括完全监督、半监督、基于强化的监督或者完全无监督。

• 模型是**在线学习**（即随着新数据的出现而动态学习）还是批量学习（使用预先存在的数据进行学习）。

• 它们是基于实例的（简单地将新数据和已知数据比较）还是基于模型的（涉及模式的检测和构建预测模型）。

这些方法并非是互斥的，且大多数算法都是这些方法的组合。例如，构建垃圾邮件过滤器的一种典型方法就是使用基于模型的在线监督学习算法。

2.2　学习任务

有几种不同类型的学习任务，它们在一定程度上由其处理的数据类型决定。在此基础上，可以将学习任务分成两大类别：

• **无监督学习**：数据是未标记的，所以算法必须推断出变量之间的关系或者寻找内含相似变量的簇。

• **监督学习**：使用有标记的数据集去构造及推断函数，用来预测未标记样本的标签。

数据是否被标记对学习算法的构建方式有着预先决定的影响。

2.2.1　无监督学习

监督学习的主要缺点是它需要带有精确标记的数据。在日常生活中，大多数数据是没有标记和非结构化的，这也是广泛应用机器学习和人工智能时的主要挑

○　这里"有意义的时间内"可以理解为"有限的时间内"。为了更精准地过滤垃圾邮件，需要按照多种规则对收到的邮件进行判断，但随着规则列表或邮件长度的增加，人工想要检测所有的邮件是需要较多时间的。例如花费 2 小时判断一封加急邮件，这对于实际情况来说是没有意义的，这是在"没有意义的时间内"完成的。这种情况下若需要实时检测，则神经网络能在一定程度上实现几秒内完成检测，这是有意义的，因此是有意义的时间。——译者注

战。在非结构化数据中，无监督学习在寻找结构化方面起着重要的作用。监督学习和无监督学习之间的界限并不是绝对的，许多无监督学习算法被用来与监督学习相结合，例如数据只有部分被标记时，或者试图寻找深度学习模型中最重要特征时。

聚类

聚类是最直接的无监督学习方法。在许多情况下，数据是否被标记并不重要，重要的是数据聚集在特定点周围的事实。例如，电影或网上书店的推荐系统经常使用聚类技术。推荐系统使用一种推荐算法来分析客户的购买历史，将其与其他客户进行比较，并根据相似性提出建议。聚类算法在不知道数据具体分组的情况下，可以自行将客户的使用模式进行分组。K-means 是最常用的聚类算法之一，该算法的工作原理是根据观测样本的平均值建立聚类中心。

主成分分析

主成分分析（PCA）是另一种无监督学习方法，经常与监督学习结合使用。当存在大量可能相关的特征而不确定每个特征对结果的影响时，就可使用这种方法。例如，在天气预测中，可以把每个气象观测结果作为特征，并把它们直接提供给模型。这意味着该模型将不得不分析大量的数据，其中许多数据是不相关的。然而，数据可能是相互关联的，因此不仅需要考虑单个特征，还需要考虑这些特征如何相互作用。这需要一种可以将大量可能相关和冗余的特征减少为少量主成分的工具。PCA 属于一种**降维**算法，它可以减少输入数据集的维数。

强化学习

强化学习与其他方法有所不同，其通常被归类为无监督学习方法，因为它使用的数据在监督的意义上是未被标记的。与其他方法相比，强化学习可能更接近人类与世界互动和学习的方式。在强化学习中，学习系统被称为智能体，这个智能体通过观察和执行**动作**与**环境**进行交互。每个动作都会导致**奖励**或**惩罚**。主体必须制定策略或**方针**，以便随着时间的推移进行最大化奖励及最小化惩罚。强化学习在很多领域都得到了应用，比如博弈论和机器人，其算法必须在没有直接人工提示的情况下学习其环境。

2.2.2　监督学习

在监督学习中，机器学习模型在有标记的数据集上训练。迄今为止，最成功的深度学习模型都集中在监督学习任务上。在监督学习中，每个数据实例（如一张图或一封邮件）都有两个元素：一组特征，通常用大写字母 X 表示；一个标签，用小写字母 y 表示。有时，这个标签被称为目标或答案。

监督学习通常分两个阶段：训练阶段，即模型学习数据的特征；测试阶段，即对未标记的数据进行预测。在不同的数据集上对模型进行训练和测试是很重要的，因为目标是泛化到新数据的，而不是精确地学习单个数据集的特征。这可能导致对训练集**过拟合**的问题，并因此对测试集数据欠拟合。

分类

分类可能是最常见的监督机器学习任务。根据输入和输出标签的数量，有几种类型的分类问题。分类模型的任务是在输入特征中找到一个模式，并将这个模式与标签关联起来。模型应该学习数据的区别性特征，然后能够预测未标记样本的标签。该模型本质上是根据训练数据构建一个推断函数。可以将分类模型分为 3 类：

- **二分类**：就像玩具—非玩具的例子一样，涉及区分两个标签。
- **多标签分类**：区分两个以上的类别。例如，扩展玩具示例以区分图像中的玩具类型（如汽车、卡车、飞机等）。解决多标签分类问题的一种常用方法是将问题划分为多个二分类问题。
- **多输出分类**：每个样本都可能有不止一个输出标签。例如，分析场景的图像，并确定其中有什么类型的玩具。每幅图像都可以有多个类型的玩具，因此有多个标签。

评估分类器

一些读者可能认为，衡量分类器性能的最佳方法是通过计算做出的正确预测与所做预测总数的比例。然而，这里考虑一个手写数字数据集上的分类任务，其目标是找到所有不为 7 的数字。假设数据是均匀分布的，仅仅猜测每个样本均不为 7，其成功率即可达到 90%。因此在评估分类器时，必须考虑 4 个变量：

- **TP（真正例）**：正确识别目标的预测。
- **TN（真反例）**：正确识别非目标的预测。
- **FP（假正例）**：错误识别目标的预测。
- **FN（假反例）**：错误识别非目标的预测。

查准率（precision）和查全率（recall）这两个指标通常一起衡量分类器的性能。查准率定义如下：

$$precision = \frac{TP}{TP + FP}$$

查全率定义如下：

$$recall = \frac{TP}{TP + FN}$$

可以将这些想法组合在一个混淆矩阵中。之所以称为混淆矩阵，不是因为它难于理解，而是因为它列出了分类器混淆目标的例子。分类结果混淆矩阵如图 2-3 所示。

使用哪种衡量标准，或者在决定一个分类器成功与否时是否给予更多权重，实际上取决于应用。查准率与查全率之间存在权衡关系，提高查准率通常会导致查全率的降低。例如，增加真正例的数量通常意味着假反例增加。查准率和查全率的平衡取决于实际的要求。例如，在癌症的医学测试中，可能需要更高的查准率，因为假反例意味着一个癌症实例仍未被诊断出来，可能会带来致命的后果。

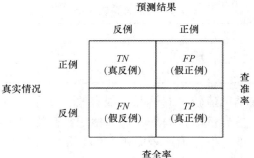

图 2-3   分类结果混淆矩阵

2.3   特征

值得注意的是，图像检测模型看到的不是图像，而是一组像素颜色值，垃圾邮件过滤器看到的则是电子邮件中的字符集合，这些是模型的原始特征。特征转换是机器学习的重要组成部分。已经讨论过的一个特征转换方法是关于主成分分析的降维。以下是常见的特征转换方法：

- 利用 PCA 等技术进行降维以减少特征的数量。
- 将特征缩放或归一化到特定数值范围内。
- 转换特征数据类型（如将类别转换为数字）。
- 添加随机或生成的数据以增强特征。

每个特征都被编码到输入张量 X 的一个维度上，因此为了使学习模型尽可能高效，需要使特征的数量最小化。这就是主成分分析和其他降维技术的作用。

另一个重要的特征转换方法是特征缩放。当特征具有不同的尺度时，大多数机器学习模型都不能很好地运行。有两种常用的特征缩放技术：

- **归一化或最小—最大缩放**：即值被移动并重新缩放到 0 和 1 之间。这是神经网络中最常用的缩放方法。
- **标准化**：指数据减去均值，然后除以方差。这种方法并没有将变量限定在一个特定的范围内，但结果分布具有单位方差。

处理文本和类别

当一个特征是一组类别而不是数字时该怎么做？假设要构建一个模型来预测房价，这个模型的一个特征可能是房屋的覆层材料，可能的值有木材、铁和水泥等，如何编码该值以供深度学习模型使用？显而易见的解决方案是简单地为每个类别分配一个实数，例如 1 代表木材，2 代表铁，3 代表水泥。然而，这样表示的问题在于它推断的类别值是有序的。也就是说，木材和铁在某种程度上比木材和水泥更接近。

可以采用**独热编码**（One-hot Encoding）来避免这种情况，特征值被编码为二进制向量。覆层材料的独热编码见表 2-1。

表 2-1　覆层材料的独热编码

木材	1	0	0
铁	0	1	0
水泥	0	0	1

　　这种解决方案在类别值较少的情况下很有效。然而，如果数据是一个文本语料库，要执行的任务是自然语言处理，那么使用独热编码是不现实的。类别值的数量是特征向量的长度，也是词汇表中单词的数量。在这种情况下，特征向量变得很大且难以管理。

　　独热编码使用稀疏表示方法，数值大多为 0。除了不能很好地缩放之外，独热编码对于自然语言的处理还有另一个严重的缺点，即它不能编码一个词的含义及与其他词的关系。为了解决这个问题，可以使用一种称为密集式词嵌入的方法，词汇表中的每个单词都由一个实数向量表示，表示特定属性的分数。总体的思路是使用该向量对正在处理的任务中的相关语义信息进行编码。例如，如果任务是分析电影评论，并根据评论确定电影的类型，则可以创建词嵌入，见表 2-2。

表 2-2　电影评论分析中的密集词嵌入表示

单词	戏剧	喜剧	文档
趣味性	−4	4.5	0
动作	3.5	2.5	2
花费	4.5	1.5	3

　　表 2-2 中，最左边的一列列出了可能出现在电影评论中的词语。每个词语都有一个分数，与它所在的不同类型的电影评论中出现的频率有关。可以从一个监督学习任务中构建这样一个表格来分析电影评论及电影类型。然后，这种经过训练的模式可以应用于未标注的评论，以确定其最有可能的类型。

2.4　模型

　　模型表示的选择是机器学习中的一项重要任务。到目前为止，模型一直被视为黑盒——输入一些数据，在训练的基础上，模型做出预测。在深入了解这个黑盒之前，需要理解深度学习模型所需的一些线性代数知识。

2.4.1　线性代数回顾

　　线性代数使用矩阵来表示线性方程。高中代数关注的是标量，也就是单个数和值，具有方程式和操作这些方程式的规则，以便可以对其进行计算。当使用矩阵而不是标量值时，情况也是如此。现在回顾一下其中的一些概念。

　　矩阵是由数字组成的矩形数组。当两个矩阵相加时，只要把每个对应的元素相加即可。示例如下。

$$A + B == \begin{bmatrix} a_{00} & a_{01} \\ a_{10} & a_{11} \\ a_{20} & a_{21} \end{bmatrix} + \begin{bmatrix} b_{00} & b_{01} \\ b_{10} & b_{11} \\ b_{20} & b_{21} \end{bmatrix} = \begin{bmatrix} a_{00} + b_{00} & a_{01} + b_{01} \\ a_{10} + b_{10} & a_{11} + b_{11} \\ a_{20} + b_{20} & a_{21} + b_{21} \end{bmatrix}$$

这是一个矩阵加法的例子，可以用同样的方法来执行矩阵减法。注意，只能对相同大小的矩阵进行加减运算。

另一个常见的矩阵运算是标量乘法。一个矩阵可以与一个标量相乘，只需将数组中的每个元素都与这个标量相乘即可，示例如下。

$$2 \times \begin{bmatrix} a_{00} & a_{01} \\ a_{10} & a_{11} \\ a_{20} & a_{21} \end{bmatrix} = \begin{bmatrix} 2a_{00} & 2a_{01} \\ 2a_{10} & 2a_{11} \\ 2a_{20} & 2a_{21} \end{bmatrix}$$

注意使用的索引样式：对于 X_{ij}，i 表示行，j 表示列。使用索引时，有以下两个惯例。

1）索引从 0 开始。这是为了与在 PyTorch 中索引张量的方式保持一致。注意，在一些数学课本中，由于使用不同的编程语言，索引可能从 1 开始。

2）把矩阵的大小或者说矩阵的维数，记为 $m \times n$，其中，m 是行数，n 是列数。例如，A 和 B 都是 3×2 矩阵。

矩阵有一种特殊情况称为向量。这是一个简单的 $n \times 1$ 矩阵，它由一列和任意数量的行组成，如下面的例子所示：

$$\begin{bmatrix} a_1 \\ a_2 \\ \vdots \\ a_n \end{bmatrix}$$

现在看看如何将一个向量与一个矩阵相乘。在下面的例子中，将一个 3×2 矩阵与一个二维列向量相乘：

$$\begin{bmatrix} a_{00} & a_{01} \\ a_{10} & a_{11} \\ a_{20} & a_{21} \end{bmatrix} \times \begin{bmatrix} b_0 \\ b_1 \end{bmatrix} = \begin{bmatrix} a_{00} \times b_0 + a_{01} \times b_1 \\ a_{10} \times b_0 + a_{11} \times b_1 \\ a_{20} \times b_0 + a_{21} \times b_1 \end{bmatrix}$$

一个具体的例子可能会更清楚：

$$\begin{bmatrix} 1 & 2 \\ 3 & 4 \\ 5 & 6 \end{bmatrix} \times \begin{bmatrix} 7 \\ 8 \end{bmatrix} = \begin{bmatrix} 23 \\ 53 \\ 83 \end{bmatrix}$$

注意，3×2 矩阵与一个列向量相乘得到一个三维向量，一般来说，一个 m 行矩阵乘以一个向量将得到一个 m 维的向量。

也可以结合矩阵向量乘法将矩阵与其他矩阵相乘，如下例所示：

$$A \times B = \begin{bmatrix} a_{00} & a_{01} & a_{02} \\ a_{10} & a_{11} & a_{12} \end{bmatrix} \times \begin{bmatrix} b_{00} & b_{01} \\ b_{10} & b_{11} \\ b_{20} & b_{21} \end{bmatrix} = \begin{bmatrix} c_{00} & c_{01} \\ c_{10} & c_{11} \end{bmatrix}$$

其中：

$$c_{00} = a_{00} \times b_{00} + a_{01} \times b_{10} + a_{02} \times b_{20}$$
$$c_{10} = a_{10} \times b_{00} + a_{11} \times b_{10} + a_{12} \times b_{20}$$
$$c_{01} = a_{00} \times b_{01} + a_{01} \times b_{11} + a_{02} \times b_{21}$$
$$c_{11} = a_{10} \times b_{01} + a_{11} \times b_{11} + a_{12} \times b_{21}$$

另一种理解它的方法是通过将矩阵 A 与矩阵 B 的第一列组成的向量相乘得到矩阵 C 的第一列，通过将矩阵 A 与矩阵 B 的第二列组成的向量相乘，得到矩阵 C 的第二列。

看一个具体的例子：

$$\begin{bmatrix} 3 & 5 & 2 \\ 4 & 3 & 1 \end{bmatrix} \times \begin{bmatrix} 1 & 4 \\ 1 & 2 \\ 5 & 3 \end{bmatrix} = \begin{bmatrix} 18 & 28 \\ 12 & 25 \end{bmatrix}$$

只有 A 的行数等于 B 的列数时才可以将两个矩阵相乘，明白这个前提很重要。结果矩阵总是与 A 有相同的行数，与 B 有相同的列数。矩阵乘法没有交换律

$$A \times B \neq B \times A$$

然而，矩阵乘法是满足结合律的：

$$A \times B \times C = (A \times B) \times C = A \times (B \times C)$$

矩阵是相当有用的，因为其可以用相对简单的方程式表示大量的运算。有两种矩阵操作对机器学习特别重要：

• 转置。
• 求逆。

要转置一个矩阵，只需交换列和行，如下例所示：

$$A^{\mathrm{T}} = \begin{bmatrix} 1 & 2 \\ 3 & 4 \\ 5 & 6 \end{bmatrix}^{\mathrm{T}} = \begin{bmatrix} 1 & 3 & 5 \\ 2 & 4 & 6 \end{bmatrix}$$

求矩阵的逆要复杂一些。在实数集合中，数字 1 起着**恒等**的作用。也就是说，1 乘以任何其他数都等于该数。而且，几乎每个数都有一个逆。也就是说，一个数乘以它的逆等于 1。例如，2 的倒数是 0.5，因为 2 乘以 0.5 等于 1。对于

矩阵和张量，也有一个等价的概念。如下面 3×3 的例子所示，单位矩阵的主对角线为 1，其他位置为 0：

$$\begin{bmatrix} 1 & 0 & 0 \\ 0 & 1 & 0 \\ 0 & 0 & 1 \end{bmatrix}$$

单位矩阵是一个矩阵乘以它的逆时得到的结果，可通过如下的方式来描述：

$$A \times A^{-1} = 1$$

重要的是，只能对方阵求逆。读者并不需要手动计算矩阵的逆或进行任何其他的矩阵运算，因为那是计算机所擅长的。然而即使对于计算机而言，矩阵求逆的计算成本也很高。

2.4.2　线性模型

机器学习的最简单模型是线性模型。在很多环境下，求解线性模型都很重要，它们是许多非线性技术的基础。线性模型尝试将训练数据拟合为线性函数，也称为**假设函数**。这是通过一个被称为线性回归的过程来完成的。

单变量线性回归的假设函数有如下形式：

$$h(x) = \theta_0 + \theta_1 x$$

式中，θ_0、θ_1 为模型参数，x 为单自变量。例如对于房价，x 可以代表建筑面积，$h(x)$ 可以代表预测的房价。

为简单起见，下面将从单个变量或单个特征案例开始介绍。

图 2-4 所示为一些表示训练数据的点，并尝试将这些点用直线拟合。

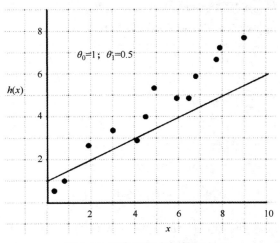

图 2-4　用直线拟合的数据点

图中，x 是单个特征，θ_0 和 θ_1 分别表示假设函数的截距和斜率，目的是找到

模型参数 θ_0 和 θ_1 的值，从而得到图 2-4 中的最佳拟合线。在图 2-4 中，θ_0 设为 1，θ_1 设为 0.5。因此，其截距为 1，斜率为 0.5。可以看到，大多数训练点位于这条线之上，少数训练点位于这条线之下，从而可以猜测 θ_1 可能略小，因为训练点似乎有略陡的坡度。此外，θ_0 太大，因为在左侧线以下有两个数据点，而截距似乎略低于 1。

很明显，需要一种正规的方法来寻找假设函数中的误差。这是通过所谓的**代价函数**来实现的。代价函数可测量假设函数给出的值和数据中实际值之间的总误差。本质上，代价函数可将每个点到假设函数的距离相加。代价函数有时称为**均方误差（MSE）**。代价函数由下式表示：

$$J(\theta_1, \theta_2) = \frac{1}{2m} \sum_{i=1}^{m} \left[h_\theta(x^i) - y^i \right]^2$$

式中，$h_\theta(x^i)$ 为假设函数对第 i 个样本所计算出的值，y^i 为实际值。对差值的平方可以使统计方便，因为它确保结果总是正的。平方也为更大的差异增加了更多的权重，也就是说，它更重视离群值。然后用方差的和除以训练样本数 m 来计算平均值。这里，方差和也被除以 2，使后续的计算更简单。

最后是调整参数值，使假设函数尽可能地与训练数据拟合，以找到使误差最小化的参数值。

有两种方法可以做到这一点：
- 利用梯度下降法迭代训练集并调整参数，以使代价函数最小化。
- 使用封闭式（closed-form）方程直接计算模型参数。

梯度下降法

梯度下降法是一种被广泛应用的优化算法，通过迭代调整模型参数使代价函数最小化。梯度下降法的工作原理是对代价函数求偏导数。如果将代价函数与参数值绘制成图，它会形成一个凸函数，如图 2-5 所示。

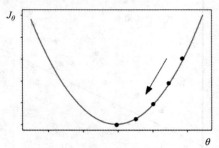

图 2-5　梯度下降法迭代过程

在图 2-5 中可以看到，随着 θ 的变化，从右到左，代价 J_θ 减至最小后上升。优化目标是指在梯度下降的每一次迭代，代价就更接近于最小值，一旦达到这个最小值时就停止。这是通过以下更新规则实现的：

$$\theta_j := \theta_j - \alpha \frac{\partial}{\partial \theta_j} J(\theta_0 \theta_1)$$

式中，α 是**学习速率**，一个可设置的**超参数**。它被称为超参数是为了区别于模型参数 θ。偏导数项是代价函数的斜率，这需要同时计算 θ_0 和 θ_1。可以看到，当偏导数也就是斜率是正数时，从 θ_0 中减去一个正值，在图 2-5 中即为小黑点沿着曲线从右向左移动；或者，如果斜率是负数，则增加 θ，在图 2-5 中即为小黑点沿着曲线从左向右移动。此外，在最小值处，斜率为 0，所以梯度下降将停止。这正是梯度下降想要的结果，因为无论从哪里开始梯度下降，更新规则都保证将 θ 向最小值移动。

将代价函数代入上式，然后对 θ_0 和 θ_1 两个值求导，得到如下两个更新规则公式：

$$\theta_0 := \theta_0 - \alpha \frac{1}{m} \sum_{i=1}^{m} [h_\theta(x^{(i)}) - y^{(i)}]$$

$$\theta_1 := \theta_1 - \alpha \frac{1}{m} \sum_{i=1}^{m} [h_\theta(x^{(i)}) - y^{(i)}] x^{(i)}$$

在迭代和后续更新时，θ 会收敛到使代价函数最小的值，从而得到最适合训练数据的拟合直线。有两件事需要考虑：第一件事是设定 θ 的初始值，也就是梯度下降开始的位置，在大多数情况下，随机初始化的效果最好；另一件事是设定学习速率 α，这是一个介于 0 和 1 之间的数。如果学习速率设置得太高，那么它可能会越过最小值；如果设置得太低，那么它将需要很长时间才能收敛。对于所使用的特定模型，可能需要进行一些实验。在深度学习中，经常使用自适应学习速率以获得较好的结果。其学习速率在每次梯度下降迭代时发生变化，通常会变小。

到目前为止，讨论的梯度下降类型称为**批量梯度下降（BGD）**，指在每次更新时使用整个训练集。这意味着随着训练集的增大，BGD 变得越来越慢。另一方面，BGD 在特征数量较多的情况下效果更好，所以经常在特征数量较多的小训练集上使用。

梯度下降的另一种方法是**随机梯度下降（SGD）**。SGD 不是使用整个训练集来计算梯度，而是在每次迭代中随机选择单个样本来计算梯度。SGD 的优点是整个训练集不必驻留在内存中，因为在每次迭代中它只处理一个实例。由于随机梯度下降法是随机选择样本的，所以它的行为没有 BGD 的规律。采用批量梯度下降法，每次迭代都能平滑地向最小值移动误差（J_θ）。对于 SGD，每次迭代并不一定会使代价更接近最小值。它是振荡的，在多次迭代中平均地趋向且仅趋向于最小值。这意味着它可能会跳到接近最小值的地方，但在完成迭代前却从未真正达到过最小值。当存在多个最小值时，SGD 的随机特征可以发挥优势，因为它可以跳出这个局部极小值并找到全局最小值。全局最小值与局部极小值示例如图 2-6 所示。

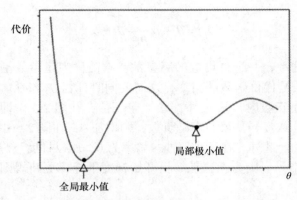

图 2-6　全局最小值与局部极小值示例

如果批量梯度下降从**局部极小值**的右侧开始，那么它将不会找到**全局最小值**。幸运的是，线性回归的代价函数总是具有单个极小值的凸函数。然而，对于神经网络而言，其代价函数可以有许多局部极小值。

多特征

在一个实际的例子中，可能会有不止一个特征，每个特征都有一个需要拟合的相关参数值。多个特征的假设函数表示如下：

$$h_\theta(\boldsymbol{x}) = \theta_0 x_0 + \theta_1 x_1 + \theta_2 x_2 + \cdots + \theta_n x_n = \boldsymbol{\theta}^{\mathrm{T}} \boldsymbol{x}$$

这里，x_0 被称为偏差变量，设为 1。$x_1 \sim x_n$ 是特征值，n 是特征的总数。这里的 $\boldsymbol{\theta}^{\mathrm{T}} \boldsymbol{x}$ 为假设函数的向量化表示，其中，$\boldsymbol{\theta}$ 是**参数向量**，$\boldsymbol{x}$ 是**特征向量**。

多特征的代价函数与单特征的情况基本相同，只需把误差加起来即可。除此之外还需要调整梯度下降规则，并明确所需的变量。在单个特征的梯度下降更新规则中，使用参数值标记 θ_0 和 θ_1。对于多个特征的版本，仅需简单地将这些参数的值及其相关特征包装成向量即可。参数向量记为 θ_j，其中下标 j 表示特征，是 $1 \sim n$ 之间的整数，其中 n 是特征的数量。

每个参数都需要一个独立的更新规则，可以将这些规则概括如下：

$$\theta_j := \theta_j - \alpha \frac{1}{m} \sum_{i=1}^{m} [h_\theta(\boldsymbol{x}^{(i)}) - \boldsymbol{y}^{(i)}] x_j^{(i)}$$

根据上述更新规则，特征 $j = 1$ 的参数的更新规则如下：

$$\theta_1 := \theta_1 - \alpha \frac{1}{m} \sum_{i=1}^{m} [h_\theta(\boldsymbol{x}^{(i)}) - \boldsymbol{y}^{(i)}] x_1^{(i)}$$

变量 $\boldsymbol{x}^{(i)}$ 和 $\boldsymbol{y}^{(i)}$ 分别为第 i 个训练样本的预测值和实际值，这和单特征示例中的表达是一样的。然而，在多特征的情况下，它们是向量，而不是单个值。$x_j^{(i)}$ 表示训练样本 i 的第 j 个特征。m 为训练集中的样本总数。

正规方程

对于一些线性回归问题，有封闭形式确定解的代数方程组称为**正规方程**，是找到 $\boldsymbol{\theta}$ 最优值的一种更好的方法。如果读者熟悉微积分，那么为了最小化代价函数，可以对 $\boldsymbol{\theta}$ 的每个值求出代价函数的偏导数，将每个导数设为 0，然后求出 $\boldsymbol{\theta}$ 的每个值。结果表明可以从这些偏导数推导出正规方程，从而得到以下方程：

$$\mathrm{mse}_{\min} = \boldsymbol{\theta}(j) = (\boldsymbol{X}^{\mathrm{T}} \cdot \boldsymbol{X})^{-1} \cdot \boldsymbol{X}^{\mathrm{T}} \cdot y$$

正规方程允许一步计算参数，那么为什么还要为梯度下降和由此带来的额外复杂性而烦恼呢？原因是求逆矩阵所需的计算量是相当可观的，而当特征矩阵 $\boldsymbol{X}$ 变大时（$\boldsymbol{X}$ 是包含每个训练样本所有特征值的矩阵），求矩阵的逆要花费很长时间。尽管梯度下降涉及很多迭代，但是它仍然比大数据集的正规方程快。

正规方程的一个优点是它不需要特征具有相同的尺度（与梯度下降不同），另一个优点是不必选择学习速率。

逻辑回归

可以使用线性回归模型通过找到划分两个预测类的决策边界来执行二分类任务。一个常见的方法是使用 sigmoid 函数，定义如下：

$$g(z) = \frac{1}{1 - \mathrm{e}^{-z}}$$

sigmoid 函数的曲线图如图 2-7 所示。

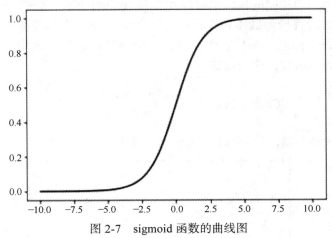

图 2-7　sigmoid 函数的曲线图

sigmoid 函数可以用在假设函数中以输出概率，如下所示：

$$h_{\theta}(\boldsymbol{x}) = g(\boldsymbol{\theta}^{\mathrm{T}} \boldsymbol{x}) = P(y = 1 \mid \boldsymbol{x} : \boldsymbol{\theta})$$

这里，假设函数的输出表示 $y = 1$ 的概率，该概率由被 $\boldsymbol{\theta}$ 参数化的 $\boldsymbol{x}$ 决定。要决定何时预测 $y = 0$ 或 $y = 1$，可以使用以下两条规则：

$$\mathrm{predict}\, y = 1,\quad h_{\theta}(\boldsymbol{x}) \geqslant 0.5$$

$$\text{predict} y = 0, \quad h_\theta(\boldsymbol{x}) < 0.5$$

sigmoid 函数（在 0 和 1 处有渐近线，在 $z = 0$ 处的值为 0.5）在处理逻辑回归问题时，有一些引人注目的特征。应注意，决策边界是模型参数的属性，而不是训练集的属性。此时仍然需要拟合这些参数，以使代价或误差最小化。要做到这一点，需要将一些已知的内容公式化。

一个包含 m 个样本的训练集，如下式：

$$\{(\boldsymbol{x}^{(1)}, y^{(1)}), (\boldsymbol{x}^{(2)}, y^{(2)}), \cdots, (\boldsymbol{x}^{(m)}, y^{(m)})\}$$

每个训练样本由大小为 n 的向量 $\boldsymbol{x}$ 组成，其中 n 为特征个数：

$$\boldsymbol{x} = \begin{bmatrix} x_0 \\ x_1 \\ \vdots \\ x_n \end{bmatrix}, \quad x_0 = 1$$

每个训练样本都包含一个 y 值，对于逻辑回归，这个值可以是 0 或 1。可以将逻辑回归的假设函数改写为如下方程：

$$h_\theta(\boldsymbol{x}) = \frac{1}{1 + e^{-\theta^\mathsf{T} x}}$$

利用与线性回归相同的代价函数以及逻辑回归的假设，通过 sigmoid 函数引入非线性。这意味着代价函数不再是凸的，因此它可能有许多局部极小值，这对梯度下降来说是一个问题。结果表明，存在一个函数可以很好地用于逻辑回归，并使得代价函数为凸函数，该函数如下：

$$\text{Cost}(h_\theta(\boldsymbol{x}), y) = \begin{cases} -\log(h_\theta(\boldsymbol{x}), \ y = 1 \\ -\log(1 - h_\theta(\boldsymbol{x}), \ y = 0 \end{cases}$$

可以为上述两种情况绘制函数，如图 2-8 所示。

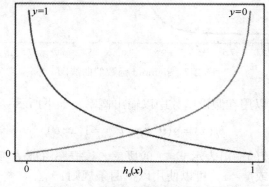

图 2-8 二分类的逻辑回归代价函数

从图 2-8 可以看出,当标签 y 的实际值为 1 而假设预测为 **0** 时,代价趋于无穷大。同样,当 y 的实际值为 0,而假设预测为 1 时,代价同样会趋向无穷大。或者当假设成功预测正确的值(0 或 1)时,代价降为 0。这正是对逻辑回归的要求。

现在需要应用梯度下降来最小化代价。可以将二分类的逻辑回归代价函数重写为更紧凑的形式,使用如下公式对多个训练样本求和:

$$J(\boldsymbol{\theta}) = -\frac{1}{m}\left[\sum_{m}^{i=1} \boldsymbol{y}^{(i)} \log h_\theta(\boldsymbol{x}^{(i)}) + (1 - y^{(i)} \log(1 - h_\theta(\boldsymbol{x}^{(i)}))\right]$$

最后可以用如下更新规则来更新参数值:

$$\theta_j := \theta_j - \alpha \frac{1}{m} \sum_{i=1}^{m} (h_\theta(\boldsymbol{x}^{(i)}) - y^{(i)}) x_j^{(i)}$$

从表面上看,这与线性回归的更新规则一致,然而由于假设函数是一个 sigmoid 函数,所以它实际表现得有些不同。

非线性模型

已经看到,线性模型本身无法表示现实世界的非线性数据。一种可能的解决方案是在假设函数中添加多项式特征。例如,三次模型可表示为:

$$h_\theta(\boldsymbol{x}) = \theta_0 + \theta_1 x^1 + \theta_2 x^2 + \theta_3 x^3$$

这里需要将两个派生特征添加到模型中。这些添加的项可以只是房屋示例中面积和体积的大小特征。

添加多项式项时,一个重要的考虑因素是特征缩放。在这个模型中,平方项和立方项的尺度将是完全不同的。为了使梯度下降正确地工作,有必要缩放这些附加的多项式项。

选择多项式项是将知识注入模型的一种方式。例如,仅仅知道房价相对占地面积的变化趋于平缓,而当楼面面积增大到一定程度时,就需要同时考虑面积和体积,从而得出预期的数据形状。然而,在逻辑回归中,当尝试预测一个复杂的多维决策边界时,特征选择可能意味着数千个多项式项。在这种情况下,运行线性回归程序的机器将无法解决问题。下一节将介绍的人工神经网络为复杂的非线性问题提供了更加自动化和强大的解决方案。

2.5 人工神经网络

人工神经网络的灵感来自生物神经网络,尽管这种推理可能存在一些误解。与生物神经元相比,人工神经元(或称**单元**)在功能和结构方面被极度简化。生物学启发更多地来自这样一种见解:大脑中的所有神经元无论是处理声音、视觉还是思考复杂的数学问题,都执行着相同的功能。从根本上说,这种单一的算法是人工神经网络的灵感来源。

一个人工神经元，或一个单元，只执行一个简单的功能。它将输入相加，然后根据激活函数给出输出。高度的可扩展性是人工神经网络的主要优点之一。由于它们由基本单元组成，只需在正确的配置中添加更多的单元，即可将人工神经网络轻易扩展到大规模、复杂的数据。

人工神经网络的理论已经存在了很长一段时间，最早是在 20 世纪 40 年代初提出的。然而，直到最近，人工神经网络才能够超越传统的机器学习技术。这主要有三个原因：

- 算法的改进，特别是**反向传播**的实现，允许人工神经网络将输出层的误差分配到输入层，并相应地调整激活权重。
- 具有海量数据集，可以用来训练人工神经网络。
- 处理能力的提高使大规模人工神经网络成为可能。

感知机

最简单的人工神经网络模型之一是感知机，它由单个逻辑单元组成。感知机模型如图 2-9 所示。

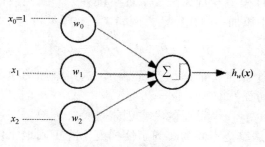

图 2-9 感知机模型

每一个输入都与一个权重相关联，它们被输入到逻辑单元中。注意，其中添加了一个偏置特征，$x_0 = 1$。该逻辑单元由两个元素组成：一个输入求和函数和一个激活函数。如果采用 sigmoid 函数作为激活函数，那么可以写出如下公式：

$$h_w(\boldsymbol{x}) = g(x_0 w_0 + x_1 w_1 + x_2 w_2) = g(\boldsymbol{W}^{\mathrm{T}} \boldsymbol{x}) = \frac{1}{1 + e^{-\boldsymbol{W}^{\mathrm{T}} \boldsymbol{x}}}$$

注意，这正是用于逻辑回归的假设，仅是将 $\boldsymbol{\theta}$ 换成 $\boldsymbol{W}$，以表示逻辑单元中的权重。这些权重与逻辑回归模型的参数完全等价。

为了创建一个神经网络，将这些逻辑单元连接成层。图 2-10 所示是一个三层神经网络。为了清晰，省略了偏置单元。

这个简单的人工神经网络由一个带有三个单元的输入层、一个同样有三个单元的隐藏层和一个仅有一个单元的输出层组成。在下面的方程中，符号 $a_i^{(j)}$ 表示第 j 层单元 i 的激活，$\boldsymbol{W}^{(j)}$ 表示第 j 层到第 $j+1$ 层的权值矩阵的映射。使用此符号，可以用下面的方程来表示三个隐藏单元的激活：

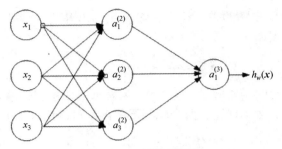

图 2-10　三层神经网络

$$a_1^{(2)} = g(W_{10}^{(1)}x_0 + W_{11}^{(1)}x_1 + W_{12}^{(1)}x_2 + W_{13}^{(1)}x_3)$$

$$a_2^{(2)} = g(W_{20}^{(1)}x_0 + W_{21}^{(1)}x_1 + W_{22}^{(1)}x_2 + W_{23}^{(1)}x_3)$$

$$a_3^{(2)} = g(W_{30}^{(1)}x_0 + W_{31}^{(1)}x_1 + W_{32}^{(1)}x_2 + W_{33}^{(1)}x_3)$$

则输出单元的激活状态可表示为：

$$h_\theta(\boldsymbol{x}) = a_2^{(3)} = g(W_{10}^{(2)}a_0^{(2)} + W_{11}^{(2)}a_1^{(2)} + W_{12}^{(2)}a_2^{(2)} + W_{13}^{(2)}a_3^{(2)})$$

其中，$\boldsymbol{W}^{(1)}$ 是一个 3×4 矩阵，控制着输入层（第一层）和单一隐藏层（第二层）之间的函数映射。权重矩阵 $\boldsymbol{W}^{(2)}$ 大小为 1×4，控制隐藏层和输出层 H 之间的映射。更一般地，在第 j 层有 s_j 单元并且在第 $j + 1$ 层有 s_k 单元的网络，s_k 的大小为 $s_k \times (s_j + 1)$。例如，对于一个有五个输入单元和在隐藏层（即第二层）有三个单元的网络，相关的权重矩阵 $\boldsymbol{W}^{(1)}$ 的大小为 3×6。

建立假设函数后，下一步是构建代价函数来衡量，并最终使模型的误差最小化。在分类方面，代价函数几乎与用于逻辑回归的函数相同。重要的区别在于，人工神经网络可以通过添加输出单元来允许多类别分类。可以写出多输出的代价函数，如下：

$$J(\boldsymbol{W}) = -\frac{1}{m}\left[\sum_{m}^{i=1}\sum_{k=1}^{K} y_k^{(i)} \log(h_w(\boldsymbol{x}^{(i)})_k) + (1 - y_k^{(i)} \log(1 - h_w(\boldsymbol{x}^{(i)}))_k)\right]$$

式中，k 是输出单元数，即输出的类数。

最后需要最小化代价函数，这是通过反向传播算法完成的。本质上，它所做的是将误差（即代价函数的梯度）从输出单元反向传播到输入单元。要实现这一点需要计算偏导数，也就是说，需要计算以下内容：

$$\frac{\partial}{\partial W_{ij}^{(l)}} J(\boldsymbol{W})$$

式中，l 是层；j 是单元；i 是样本。换句话说，对于每一层中的每一个单元、每一个样本，都需要计算代价函数对每个参数的偏导数（梯度）。例如，假设一个 4 层的网络，同样假设使用的是单个样本，需要从输出开始找到每一层的误差。输出的误差正是假设的误差：

$$\delta_j^{(4)} = a_j^{(4)} - y_j = h_w(x)_j - y_j$$

这是每个 j 单元的误差向量。上标（4）表示第四层，也就是输出层。结果表明，通过一些复杂的数学计算，两个隐藏层的误差可以用以下方程表示：

$$\boldsymbol{\delta}^{(3)} = (\boldsymbol{W}^{(3)})^{\mathrm{T}} \boldsymbol{\delta}^{(4)} .* [\boldsymbol{a}^{(3)} .* (1 - \boldsymbol{a}^{(3)})]$$

$$\boldsymbol{\delta}^{(2)} = (\boldsymbol{W}^{(2)})^{\mathrm{T}} \boldsymbol{\delta}^{(3)} .* [\boldsymbol{a}^{(2)} .* (1 - \boldsymbol{a}^{(2)})]$$

这里的 .* 运算符表示逐元素进行的向量乘法。注意，每个方程都需要下一个前向层的误差向量。也就是说，要计算第三层的误差，需要输出层的误差向量。同样，要计算第二层的误差，需要得到第三层的误差向量。

这就是反向传播对于单个样本的工作方式。为了让误差在整个数据集中循环，需要为每个单元和每个样本积累梯度。因此，对于训练集中的每个样本，神经网络进行前向传播操作，用来计算隐藏层和输出层的激活函数值。然后，对于同一个循环内的相同样本，可以计算输出误差。因此，可以依次计算前一层的误差，神经网络正是这样做的，将每个梯度累加在一个矩阵中。循环再次开始对下一个样本执行相同的操作集合，这些梯度也会累积到误差矩阵中。可以编写如下更新规则：

$$\Delta_{ij}^{l} := \Delta_{ij}^{l} + a_{ij}^{(l)} \boldsymbol{\delta}^{(l+1)}$$

大写 Δ 是存储累积梯度的矩阵，将第 l 层、单元 j 和样本 i 的激活值相加，然后将其与相同样本 i 的下一个前向层的对应误差相乘。最后，一旦在整个训练集中遍历了一次（即一个 epoch），即可计算代价函数对每个参数的偏导数：

$$\boldsymbol{D}_{ij}^{(l)} = \frac{1}{m} \Delta_{ij}^{(l)} = \frac{\partial}{\partial W_{ij}^{(l)}} J(\boldsymbol{W})$$

重申一遍，读者不需要理解这些公式的严格证明，这里只是为了使读者对反向传播的机制有一些直观的理解。

2.6 小结

本章介绍了很多内容，如果不理解其中的数学理论也不要担心，介绍它们只是为了让读者对一些常见机器学习算法的工作方式有一些直观的了解，而不是完全理解这些算法背后的理论。阅读本章后，读者应该对以下内容有一些了解：

• 机器学习的一般方法，包括了解监督学习方法与无监督学习方法、在线与批量学习，以及基于规则与基于模型的学习之间的区别。

• 一些无监督的方法及其应用，如聚类、主成分分析。

- 分类问题的类型，如二分类、多标签分类和多输出分类。
- 特征和特征转换。
- 线性回归和梯度下降的原理。
- 神经网络和反向传播算法的概述。

第 3 章将使用 PyTorch 来应用其中的一些概念。具体来说，将介绍如何通过构建一个简单的线性模型来找到函数的梯度。通过实现一个简单的神经网络，读者将获得对反向传播的实践理解。

第3章
计算图和线性模型

到目前为止，读者应该对线性模型和神经网络的理论，以及 PyTorch 的基础知识有了一定了解。本章将通过在 PyTorch 中实现一些人工神经网络，来将所学知识整合在一起。本章将重点研究线性模型的实现，并展示它们是如何用于解决多分类问题的。本章将讨论以下几个关于 PyTorch 的主题：

- 自动求导
- 计算图
- 线性回归
- 逻辑回归
- 多分类问题

3.1 自动求导

正如上一章中所介绍的，人工神经网络的许多计算工作都涉及通过计算导数来寻找代价函数的梯度。PyTorch 使用 autograd 包对张量进行自动求导操作。下面通过一个示例来了解上述操作是如何实现的：

```
import torch
a = torch.tensor([[1, 2, 3], [4, 5, 6]]. requires_grad=True,
    dtype=torch.float)
b = a+2
c = 2*b*b
out = c.mean()
out.backward()
print(a.grad)
Tensor([[2.0000, 2.6667, 3.3333],
        [4.0000, 4.6667, 5.3333]])
```

上述代码创建了一个 2×3 的 Torch 张量。需注意的是，将 requires_grad 属性设置为 True，表示允许在后续操作中计算梯度。此外，将 dtype 设置为 torch.float，因为这是 PyTorch 用于自动求导的数据类型。在执行一系列计算后，对其结果取平均值，这将返回一个包含单个标量的张量，它通常是 autograd 在计算前面操作的梯度时所需的。操作的顺序可以是任意的，重要的是所有的操作都应被记录下来。即使有两个中间变量，输入的张量 **a** 仍会追踪这些操作。为了了解它是如何计算的，记录了在前面代码中针对输入张量 **a** 执行的操作序列：

$$out = \frac{1}{6}\sum_i 2(a_i+2)^2$$

这里，求总和后除以 6 表示对张量 **a** 的 6 个元素求平均值；首先将每个元素 a_i 都与 2 相加并赋值给张量 **b**，**c** 为 **b** 的平方乘以 2，最后对每个 **c** 求和再除以 6。

在 **out** 张量上调用 backward() 函数，可以计算之前操作的导数。这个导数可以写成以下公式的形式。如果对微积分有所了解，便可以很容易地看懂该公式：

$$\frac{\partial out}{\partial a} = \frac{4(a_i+2)}{6}$$

当将 **a** 的值代入上述方程式的右侧时，得到了包含在 a.grad（张量类型）中的值，它正是上面代码中输出的值。

有时，需要在具有 requires_grad=True 的张量上执行不需要追踪的操作。为了节省内存和计算的工作量，可以将这些操作封装在一个 with torch.no_grad() 块中，如下面的代码所示：

```
print(a.requires_grad)
with torch.no_grad():
    print((a**2).requires_grad)
True
False
```

要阻止 PyTorch 对张量的追踪操作，可使用 detach() 方法。该方法可以阻止将来的追踪操作，也可以将张量从追踪历史中分离出来。

```
print(a.detach().requires_grad)
False
```

需要注意的是，如果尝试第二次计算梯度（例如，通过调用 out.backward() 来计算梯度），将再次产生错误。如果确实需要再次计算梯度，那么需要保留计算图，这可以通过将 retain_graph 参数设置为 True 来实现，代码如下：

```
a = torch.ones((2, 3), requires_grad=True)
b = a+2
c = 2*b*b
out = c.mean()
out.backward(retain_graph=True)
print(a.grad)
out.backward()
print(a.grad)
tensor([[2., 2., 2.],
        [2., 2., 2.]])
```

```
tensor([[4., 4., 4.],
        [4., 4., 4.]])
```

注意，第二次调用 out.backward() 会将梯度累加到已经存储在 a.grad 的变量中。如果不设置 retain_graph 参数为 True，那么一旦调用 out.backward() 函数，就会释放 grad 缓冲区。

计算图

为了能更好地理解计算图，现在绘制之前使用的函数的图形，如图 3-1 所示。

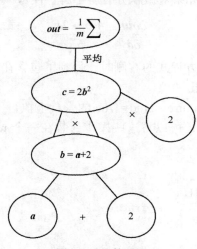

图 3-1　函数图形

图 3-1 中的叶节点代表每一层的输入和参数，输出代表损失。

通常情况下，除非将 retain_grap 设置为 True，否则在每次迭代中，PyTorch 都会创建一个计算图。

3.2　线性模型

线性模型是理解人工神经网络机制最基本的方法。线性回归既可用于预测连续变量，也可在逻辑回归实现分类的情况下用于预测类别。神经网络经常用于多分类问题，因为它的体系结构可以自然地适应多个输入和输出。

3.2.1　PyTorch 中的线性回归

本小节首先介绍 PyTorch 如何实现一个简单的线性网络。可以使用 autograd 和 backward 来手动迭代梯度下降，但是这种方法会带来大量难以维护、理解和升级的代码。幸运的是，PyTorch 有一种非常简单的对象方法来构建人工神经网络，即使用类来表示模型。用户自定义的模型类继承了超类 nn.Module，该类包含构建神经网络所需的所有基础机制。下面的代码演示了在 PyTorch 中实现模型的标准方法（本例中是一个线性模型）：

```
import torch
import torch.nn as nn
#标准模型类
class LinearModel(nn.module):
    def __init__(self, in_dim, out_dim):
        super(LinearModel, self).__init__()
        self.linear = nn.Linear(in_dim, out_dim)
    def forward(self, x):
        out = self.linear(x)
        return out
model = LinearModel(1, 1)
```

nn.Module 是超类，在初始化时通过 super() 函数来继承 nn.Module 中封装的所有功能。这里为 nn.Linear 类设置了一个变量 self.linear，它反映了用户正在构建一个线性模型的事实。应注意，具有一个自变量（即一个特征 x）的线性函数可以通过以下公式表示：

$$y = w_0 + xw_1$$

nn.linear 类中包含两个可学习变量：bias（偏差）和 weight（权重）。在单特征模型中，这两个参数分别是 w_0 和 w_1。在训练模型时，这些变量会被更新，在理想情况下，它们是接近数据最佳拟合线的值。最后，上述代码通过创建变量 model 并将其设置为 LinearModel 类来实例化模型。

在运行该模型之前需要设置学习率、优化器类型以及衡量损失的标准。这是通过以下代码完成的：

```
learnRate = 0.01
optimiser = torch.optim.SGD(model.parameters(), lr =learnRate)
criterion = nn.MSELoss()
```

上述代码将学习率设置为 0.01，通常认为是一个比较好的初始值。采用较高的学习率，程序可能会跳过最优解，而较低的学习率可能会花费更长时间才能收敛。将 optimiser 设置为随机梯度下降，将需要优化的项（本例中为模型参数）以及在梯度下降的每个步骤中使用的学习率传递给它。最后设定了损失标准，也就是说，标准梯度下降将用来衡量损失，这里将其设定为均方误差。

为了测试这个线性模型，需要为它提供一些数据。下面的代码创建了一个简单的数据集 x，它由数字 1 ~ 10 组成，通过对输入值进行线性变换来创建输出或目标数据。这里使用的线性函数是 $y = 3x + 5$。具体代码如下：

```
x_train = torch.tensor([1, 2, 3, 4, 5, 6, 7, 8, 9, 10],
        dtype=torch.float).reshape(-1, 1)
y_train = torch.tensor([3*x+5 for x in x_train]).reshape(-1, 1)
```

注意，用户需要重塑这些张量，以便使输入 x 和目标 y 具有相同的形状，并且不需要设置 autograd，因为这都由模型类处理。但是，需要设置输入张量的数据类型为 torch.float，因为在默认的情况下，PyTorch 会将其视为整数。

现在已经准备好运行该线性模型了，此时会在每个 epoch 中循环运行。这个训练周期包括以下 3 个步骤：

1）正向传播训练集。

2）反向传播计算损失。

3）根据损失函数的梯度更新参数。

具体实现代码如下：

```
epochs = 1000
for epoch in range(epochs):
    epoch +=1
    inputs = x_train
    labels = y_train
    out = model(inputs)
    optimiser.zero_grad()
    loss = criterion(out, labels)
    loss.backward()
    optimiser.step()
    predicted = model.forward(x_train)
    print('epoch{}, loss{}'.format(epoch, loss.item()))
epoch1, loss 564.4509887695312
epoch2, loss 30.568267822265625
epoch3, loss 6.033814907073975
epoch4, loss 4.869321346282959
epoch5, loss 4.777401924133301
```

上面的代码将 epochs 设置为 1000，值得注意的是，每一个 epoch 都是对训练集的一次完整遍历。将该模型的输入设置为数据集的 x 值（即 x_train），在本例中，它只是数值为 1～10 的序列。将标签设置为 y 值（即 y_train），在本例中，y 值通过 $3x + 5$ 计算。

重要的是需要清除梯度，使它不会随着 epoch 的迭代而累积并扭曲模型，这是通过在每个 epoch 上调用优化器的 zero_grad() 函数来实现的。调用 LinearModel 类的正向传播函数，将输出张量设置为线性模型的输出。该模型采用线性函数对当前输入进行估计，并给出预测输出。

一旦有了预测输出值，就可以使用均方误差来计算损失，将实际的 y 值与模型计算的值进行比较。接下来，可以通过调用 loss() 函数的 backwords() 方法来计算梯度，这决定了梯度下降的下一步，即使用 step() 函数实现参数值的更新。此外还创建了一个预测变量，用于存储 x 的预测值，在绘制 x 的预测值和实际值时会使用到这个变量。

为了了解模型是否有效，将在每个 epoch 阶段输出损失值。注意，如果损失每次都在减少，就表明它正在按预期工作。当模型完成 1000 次 epoch 时，损失应该是相当小的。运行以下代码，可以输出模型的状态（即参数值）：

```
print(model.state_dict())
OrderedDict([('linear.weight', tensor([[3.0113]])),
            ('linear.bias', tensor([4.9210]))])
```

这里，linear.weight 张量由数值为 3.0113 的单个元素组成，linear.bias 张量包含的单个元素数值为 4.9210。这与通过函数 $y = 3x + 5$ 创建线性数据集时使用的 $w_0(5)$ 和 $w_1(3)$ 的值非常接近。

为了让实验更有趣，来看看在前面的基础之上，向函数添加二次方项（如 $y = 3x^2 + 5$）来代替线性函数创建标签会产生什么结果。可以将预测值与实际值进行绘图，从而使模型的结果可视化。运行如下代码可观察结果，结果如图 3-2 所示。

```
import matplotlib.pyplot as plt
x = x_train.detach().numpy()
plt.plot(x, predicted.detach().numpy, label = 'predicted')
plt.plot(x, y_train.detach().numpy, 'go', label = 'from data')
plt.legend()
plt.show()
```

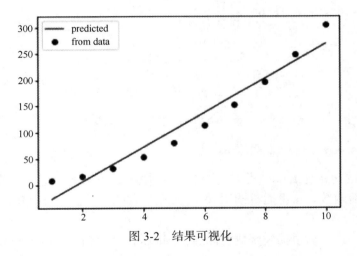

图 3-2　结果可视化

使用 $y = 3x^2 + 5$ 来生成标签，二次方项为训练集提供了特征曲线，线性模型的预测是最佳拟合直线。可以看到，在经过 1000 次 epoch 之后，该模型在拟合曲线方面做得相当好。

3.2.2　保存模型

构建并训练模型后，通常希望保存模型的状态。在本例中，保存与否并不重要，因为训练所花费的时间并不长。然而，在使用大型数据集和大量参数时，训练可能需要几个小时甚至几天才能完成。显然，人们不想每次预测新数据时都要重新训练一个模型，只需运行以下代码，便可保存训练过的模型参数：

```
torch.save(model.state_dict(), 'testmodel.pkl')
```

上面的代码通过使用 Python 的内置对象序列化模块 pickle 来保存模型。当需要恢复模型时，可以执行以下代码：

```
model = LinearModel(1,1)
model.load_state_dict(torch.load('testmodel.pkl'))
```

注意，LinearModel 类需要在内存中运行，因为只保存了模型的状态，也就是模型参数，而不是整个模型过程。要在恢复模型后重新训练它，需要重新加载数据并设置模型的超参数（本例中是优化器、学习率和损失标准）。

3.2.3　逻辑回归

简单的逻辑回归模型与线性回归模型并没有太大的区别。以下是逻辑模型的一个典型类定义：

```
import torch
import torch.nn as nn
import torch.nn.functional as func
class LogisticModel(nn.Module):
  def __init__(self, in_dim, out_dim):
      super(LogisticModel, self).__init__()
      self.linear = nn.Linear(in_dim, out_dim)
  def forward(self, x):
      out = func.sigmoid(self.linear(x))
      return out
model = LogisticModel(1,1)
```

注意，在初始化 model 类时仍然使用线性函数。然而，对于逻辑回归而言，需要一个激活函数。这里通过调用 forward 来实现。像之前一样，将模型实例化到 model 变量中。

接下来，设置衡量损失函数的标准（criterion）和优化器（optimiser）：

```
criterion = torch.nn.BCELoss(size_average=True)
optimiser = torch.optim.SGD(model.parameters(), lr =0.01)
```

这里仍然使用随机梯度下降的方法，但是需要改变衡量损失函数的标准。

当采用线性回归方法时使用 MSELoss（均方误差损失）函数计算均方误差。在逻辑回归中，使用 0～1 之间的值来表示概率，但计算概率的均方误差没有多大意义。相反，常用的方法是交叉熵损失或对数损失。这里使用的是 BCELoss() 函数，**即二分类交叉熵损失函数**。该函数的基本原理有些复杂，重要的是要理解它本质上是一个对数函数，可以更好地捕捉概率的概念。由于它是对数形式的，当预测的概率不断地趋向于 1 时，对数损失将缓慢地减小到 0，从而给出正确的预测。应注意，当前正在尝试计算对错误预测的惩罚，当预测偏离真实值时，损失必然增加，交叉熵损失对具有高置信度（即接近 1 且不正确）的预测进行惩罚，反之则对具有较低置信度但正确的预测进行奖励。

可以使用与线性回归相同的代码来训练模型，它将在 for 循环的每个 epoch 中运行，可执行正向传播来计算输出，执行反向传播来计算损失梯度，最后对参数进行更新。

下面通过创建一个实例来更具体地说明这一点。这里假设通过某种数值方法对昆虫的种类进行分类，如翅膀的长度等。有一些训练数据如下：

```
x_train = torch.tensor([[1.6], [2.1], [1.3], [4.8], [3.5]],
          dtype=torch.float).reshape(-1,1)
y_train = torch.tensor([[0], [0], [0], [1], [1]], dtype=torch.
          float).reshape(-1,1)
```

在上面的代码中，x_train 的值可以表示为以毫米为单位的翅膀长度，y_train 表示每个样本的标签，1 表示样本属于目标物种。一旦实例化了 LogisticModel 类，就可以使用通用的代码来运行它。

当训练了这个模型后，就可以使用一些新的数据来测试：

```
test = torch.tensor([[0.1], [1.5], [2.3], [3.0], [6.4]])
results = model(test)
for result in results:
   if result <= 0.5:
   print(result, 'false')
   else: print(result, 'true')
tensor([0.3011]) false
tensor([0.4324]) false
tensor([0.5133]) true
tensor([0.5837]) true
tensor([0.8483]) true
```

PyTorch 中的激活函数

神经网络表现出色的技巧之一是使用非线性激活函数。首先想到的是简单地使用阶跃函数。在这种情况下，只有当输入超过 0 时，才会产生特定的输出。阶跃函数的问题在于它不能被微分，因为它没有定义的梯度。它仅由平坦部分组成并且在零点处不连续。

另一种技巧是使用线性激活函数。然而，该方法也将输出限制为一个线性函数，这并不是用户想要的，因为需要对高度非线性的真实数据进行建模。结果表明，可以利用非线性激活函数将非线性注入神经网络中。以下是常用的激活函数的图形，如图 3-3 所示。

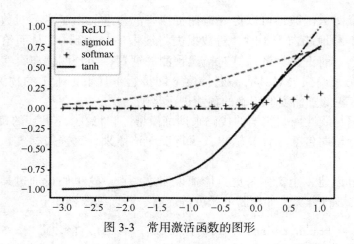

图 3-3　常用激活函数的图形

ReLU（Rectified Linear Unit，修正线性单元）通常被认为是最常用的激活函数。虽然它在零点处不可微，但它有一个使梯度下降的值跳跃的特别拐点，并且在实际应用中，它表现得很好。ReLU 函数的优点之一是它的计算速度非常快，而且没有最大值。随着输入的增加，ReLU 函数将继续上升到无穷大，这在某些情况下是具有优势的。

前面章节已经介绍了 sigmoid 函数，它的主要优点是在所有输入值上都是可微的，这可以帮助人们解决 ReLU 函数在梯度下降期间不稳定的情况。与 ReLU 函数不同的是，sigmoid 函数受渐近线约束，这对一些神经网络的训练也是很有效的。

softmax 函数通常用于多分类的输出层。需要记住的是，与多标签分类相比，多分类只有一个真正的输出。在这种情况下，需要预测目标尽可能接近 1，而其他输出都接近 0。softmax 函数是一种归一化的非线性函数，因此需要对输出进行归一化，以确保接近输入数据的概率分布。softmax 函数并没有简单地将所有输出除以它们的总和来进行线性归一化，而是采用非线性指数函数来增加离群数据点的影响，人们往往通过增加网络对低刺激的反应来增加其灵敏度。它在计算上比其他的激活函数更加复杂，也是二分类 sigmoid 函数在多分类上的推广。

tanh 激活函数即双曲正切激活函数（Hyperbolic Tangent Function），主要用于二分类，它具有 −1~1 的值域，通常用来替代 sigmoid 函数。因为负输入可以使 sigmoid 输出值被强制映射趋于 0，从而导致梯度下降停滞不前。在这种情况下，tanh 函数将输出负值，从而可以计算出有意义的参数。

3.3　多分类实例

到目前为止，一直在使用一些简单的示例来论述 PyTorch 中的核心概念。下面准备探索一个更真实的示例，使用由 0 ~ 9 的手写数字组成的 MNIST 数据集，任务是正确地识别每个样本图像中的数字。

要建立的分类模型由几个层组成，如图 3-4 所示。

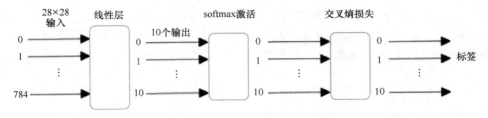

图 3-4　分类模型

正在处理的图像大小为 28×28 像素，并且每个图像中的每个像素都用一个数字来表示其灰度。因此，需要 28×28 个（即 784 个）输入。第一层是具有 10 个输出的线性层，每个标签都有一个输出。这些输出被输入 softmax 激活层和交叉熵损失层。10 个输出维数代表了 10 种可能的类别，即 0 ~ 9 的数字。具有最高值的输出则表示一个给定图像的预测标签。

首先导入所需的库以及 MNIST 数据集：

```
import torch
import torch.nn as nn
import torchvision.datasets as dsets
import torchvision.transforms as trans
trainSet = dsets.MNIST(root='./data', train = True, transform=trans,
                        ToTensor(), download=True)
```

现在输出一些关于 MNIST 数据集的信息：

```
print('Number of images{}'.format(len(trainSet)))
print('Type{}'.format(type(trainSet[0][0])))
print('Size of each image{}'.format(trainSet[0][0].size()))
Number of images 60000
Type <class 'torch.Tensor'>
Size of each image torch.Size([1,28,28])
```

len() 函数返回的是数据集中独立项（在本例中为单个图像）的数量。每一幅大小为 28×28 像素的图像都被编码为张量类型，图像中的每个像素都分配了一个表示其灰度的数字。

为了定义多分类模型，这里使用与线性回归完全相同的模型：

```
class MultiLogisticModel(nn.Module):
    def __init__(self, in_dim, out_dim):
        super(MultiLogisticModel, self).__init__()
        self.linear = nn.Linear(in_dim, out_dim)
    def forward(self, x):
        out =self.linear(x)
        return out
```

尽管最终需要执行逻辑回归，但实现所需的激活和非线性的方式与二分类情况略有不同。可以注意到，在模型定义中，forward() 函数返回的输出只是一个线性函数。这里使用 softmax 函数，而不是像前面的二分类示例中那样使用 sigmoid 函数。此处的 softmax 函数被指定为损失标准。以下代码将设置这些变量并实例化模型：

```
in_dim = 28*28   #输入维度
out_dim = 10   #输出维度
model = MultiLogisticModel(in_dim, out_dim)   #实例化模型
criterion = nn.CrossEntropyLoss()   #实例化损失类
#实例化优化器类
optimiser = torch.optim.SGD(model.parameters(), lr=0.001)
```

CrossEntropyLoss() 函数的本质是为网络添加了两个层：softmax 激活函数层和交叉熵损失函数层。每次网络输入都需要一个图像的像素，所以输入维度是 $28 \times 28 = 784$，优化器（optimiser）使用随机梯度下降，学习率设置为 0.001。

接下来设置批处理大小（batch_size）和模型运行 epoch 的数量，并创建一个数据加载器对象，以便模型可以迭代数据：

```
batchSize = 100
epochs = 5
trainloader = torch.utils.data.DataLoader(dataset=trainSet, batch_size =
                                        batchSize, shuffle = True)
```

设置 batchSize 可以把数据分成特定大小的块输入模型中。这里，以 100 张图像作为一个批次（batch）输入模型中。可以通过将数据集的长度除以 batchSize，然后将其乘以 epoch 的数量来计算迭代次数（即网络前向和反向的遍历总数）。在此示例中总共进行了 $5 \times 60000/100 = 3000$ 次迭代。结果表明，这是处理中型到大型数据集的一个较为有效的方法，因为在有限的内存中可能无法加载整个数据。此外，由于该模型在每个 batch 的不同数据子集上进行训练，因此它往往会做出更好的预测。另外，将 shuffle 设置为 True 会在每个 epoch 上打乱数据。

要运行此模型，需要创建一个循环来遍历 epochs 的外循环，还要创建一个循环来遍历每个 batch 的内循环。这是通过以下代码实现的：

```
for epoch in range(epochs):
    runningLoss = 0.0
    for i, (images, labels) in enumerate (trainloader):
        images = images.view(-1, 28*28)
        optimiser.zero_grad()
        outputs = model(images)
        loss = criterion(outputs, labels)
        loss.backward()
        optimiser.step()
```

```
        runningLoss += loss.item()
    print(runningLoss)
1213.2532706260681
968.1708756685257
809.9442014694214
704.4292406439781
630.6951693296432
```

这与到目前为止用于运行所有模型的代码类似。唯一的区别在于，该模型枚举了 trainloader 中的每个 batch，而不是一次遍历整个数据集。这里输出每个 epoch 的损失，正如所预料的那样，损失在不断减小。

对该模型实施正向传播操作，可以进行预测：

```
predicted = model.forward(images)
predicted.size()
torch.Size([100, 10])
```

预测变量的大小为 100×10。这表示在 batch 中对 100 幅图像进行预测，对于每幅图像，模型输出一个包含 10 个元素的张量，其中的每一个值都代表一个标签在其 10 个输出中的相对强度。以下代码输出第一个预测张量和实际标签：

```
print('predictions{}'.format(predicted[0]))
print('lables{}'.format(labels[0]))
predictions tensor([-1.2102, 1.3957, -0.8418, -0.2278, -0.7412,
                    -0.0017, -0.6341, 0.9142, 0.1112, 0.7837])
labels 1
```

如果仔细观察上面代码的输出，就会发现模型正确地预测了标签，因为第二个元素 1.3957 是最高值，代表数字 1。通过与张量中其他值的比较，可以看到该预测的相对强度。例如，次强的预测是数字 7，其值为 0.9142。

可以看出，该模型并不能对每个图像都正确预测。为了评估和改进模型，首先需要能够度量它的性能。最直接的方法就是计算其成功率，即正确结果的比例。要做到这一点，创建了以下函数：

```
import numpy as np
def successRate(predicted, labels):
    predict = [np.argmax(p.detach().numpy()) for p in predicted]
    actual = [labels[i].item() for i in range (len()predicted))]
    correct = [i for i, j in zip(predict, actual) if i == j]
    return (len(correct)/(len(predict)))
```

这里使用字符串生成式（String Comprehensions）。首先通过查找每个输出的最大值来创建预测列表。然后创建一个标签列表来比较预测。通过将预测列表中的每个元素与标签列表中的对应元素进行比较，从而创建一个正确值列表。最后通过将正确值的数量除以预测的总数来返回成功率。用户可以将输出预测及标签作为参数来调用该函数，从而计算模型的成功率：

```
successRate(predicted, labels)
0.83
```

这里取得了 83% 的成功率。注意，这是使用模型已经训练过的图像计算的。为了真正测试模型的性能，需要在它从未使用过的图像上测试。通过以下代码执行此操作：

```
testSet = dsets.MNIST(root = './data', train = False, transform =
                      trans.ToTensor(), download = True)
testloader = torch.utils.data.DataLoader(dataset = trainSet, batch_
                                         size = 10000, shuffle = True)
testData = iter(testloader)
images, labels = testData.next()
output = model(images.view(-1, 28*28))
successRate(output, labels)
0.8255
```

这里使用了 MNIST 测试集中的全部 10000 张图像来测试模型。首先从数据加载器对象中创建了一个迭代器，然后将它们加载到 images 和 labels 两个张量中。接下来通过传递模型测试图像得到输出（这里是 10 × 10000 个预测张量）。最后将输出和标签作为 SuccessRate（成功率）函数的参数并调用。输出的成功率仅略低于训练集中的成功率，因此有理由相信这是对模型性能的准确度量。

3.4　小结

本章探究了线性模型，并将其应用于线性回归、逻辑回归和多分类问题中。读者应该已经了解了自动求导（autograd）是如何计算梯度的，以及 PyTorch 是如何使用计算图的。所建立的多分类问题模型在预测手写数字方面取得了不错的效果。然而它的性能远非最优。在该数据集上，最好的深度学习模型能够获得接近 100% 的准确率。

第 4 章将介绍如何添加更多的层和如何使用卷积网络来提高性能。

第 4 章
卷积网络

第 3 章构建了几个简单的神经网络模型来解决回归和分类问题，简述了使用 PyTorch 构建人工神经网络所涉及的基本代码结构和概念。

本章将通过添加线性层和使用卷积层来扩展简单的线性模型，以解决现实中发现的非线性问题。

具体来说，本章涉及以下几个部分：

- 超参数和多层级网络
- 构建一个简单的基准测试函数来训练和测试模型
- 卷积网络

4.1 超参数和多层级网络

到目前为止，读者已经了解了构建、训练和测试模型的过程，已经知道扩展这些简易的网络来提高性能是相对简单的。不难发现，之前构建的模型基本上都由以下 6 个步骤组成：

1）导入数据并为训练集和测试集创建可迭代的数据加载器对象。

2）构建并实例化模型类。

3）实例化损失类。

4）实例化优化器类。

5）训练模型。

6）测试模型。

一旦完成了上述步骤，就可通过调整一组超参数并重复这些步骤来改进模型。值得注意的是，尽管通常认为超参数是由人工专门设置的，但是这些超参数的设置可以部分自动化。下面列出了常见的几个超参数：

- 梯度下降的学习率。
- 运行模型的 epoch 次数。
- 非线性激活（函数）的类型。
- 网络的深度，即隐藏层的数量。
- 网络的宽度，即每层中神经元的数量。
- 网络的连接方式，如卷积网络。

第 3 章已经讨论了一些超参数，已经知道了如果把学习率设置得太小，将花费较长的时间来找到最优解；如果把其设置得太大，那么可能会跳过最优解，并且表现不稳定，难以收敛。epoch 数量是指对训练集全部数据进行完整训练的次数。考虑到数据集和所用算法的局限性，预计随着 epoch 数量的增加，每个 epoch 的准确率都会提高，达到一定的程度后，准确率会趋于稳定，并且训练过多的 epoch 是对资源的一种浪费。如果准确率在前几个 epoch 内就下降，那么最可能的原因之一是学习率设置得太高了。

激活函数在分类任务中起着至关重要的作用，不同类型激活函数的作用可能有细微差别。一般认为，ReLU 函数在通用数据集中表现得最好。这并不是说其他的激活函数不好，特别是 tanh 函数及它们的变体，如 leaky ReLU 函数，在一定条件下可以产生更好的结果。

随着神经网络深度或层数的增加，网络的学习能力也在增强，这使神经网络能够捕捉到训练集中更复杂的特征。显然，这种能力的提高在很大程度上取决于数据集的大小以及任务的复杂性。对于小型数据集和相对简单的任务，例如用 MNIST 进行数字分类，使用很少的层（一层或两层）就可以取得很好的效果。使用太多的层则会浪费资源，并且往往会使网络过拟合或者表现不稳定。

在很多情况下增加网络宽度（即每层中的单元数量）是没有问题的。增加线性网络的宽度是提高学习能力的最有效方法之一。在卷积网络中，并不是每个单元都与下一个前向层中的单元相连，网络的连接方式极其重要，它代表每层中输入和输出通道的数量。4.3 节将讨论卷积网络，但是首先需要开发一个框架来测试和评估模型。

4.2　基准模型

基准测试和评估是任何深度学习探索成功的核心。下面将编写一些简单的代码来评估两个关键的性能指标：准确率和训练时间。以下是示例模板：

```
import torch
import torch.nn as nn
class Model4_1(nn.Module):
  def __init__(self):
    super(Model4_1, self).__init__()
    self.lin1 = nn.Linear(784, 100)
    self.relu = nn.ReLU()
    self.lin2 = nn.Linear(100, 10)
  def forward(self, x):
    out = self.lin1(x)
    out = self.relu(out)
    out = self.lin2(out)
    return out
model4_1 = Model4_1()
```

该模型是求解 MNIST 问题较常见且较基础的线性模板。可以看到，在 __init__ 方法中通过创建一个类变量来初始化每一层，该变量被分配给 PyTorch 中的 nn 对象。这里初始化了两个线性函数和一个 ReLU 函数，nn.Linear() 函数的输入大小为 28 × 28（即 784），这是每个训练图像的大小，将输出通道或网络的宽度设置为 100，这个值可以设置为任何数字，一般在计算资源的限制范围内，其值越大越会提供更好的性能，但较宽的网络有过拟合训练数据的趋势。

在 forward() 方法中创建一个 out 变量。可以看到，out 变量在返回之前经过了一个由线性函数、ReLU 函数和另一个线性函数组成的有序序列。这是一个相当典型的网络架构，由线性和非线性层交替组成。

现在再创建两个模型，用 tanh 和 sigmoid 激活函数替换 ReLU 函数。下面是 tanh 函数的版本：

```python
class mdel4_2(nn.Module):
    def __init__(self):
        super(Model4_2, self).__init__()
        self.lin1 = nn.Linear(784, 100)
        self.tanh = nn.Tanh()
        self.lin2 = nn.Linear(100, 10)
    def forward(self, x):
        out = self.lin1(x)
        out = self.tanh(out)
        out = self.lin2(out)
        return out
model4_2 = Model4_2()
```

可以看到，只是简单地更改了调用的函数名称，即将 nn.ReLU() 函数替换为 nn.Tanh() 函数。同样以完全相同的方式创建第三个模型，将 nn.Tanh() 函数替换为 nn.Sigmoid() 函数。注意，不要忘记在超类的构造函数和用于实例化模型的变量中更改名称，还需记得相应地更改 forward() 函数（前向传播函数）。

现在创建一个简单的 benchmark() 函数（基准函数），用于运行并记录每个模型的准确率和训练时间：

```python
import torch.optim as optim
import time
def benchmark(trainLoader, model, epochs=1, lr=0.01):
    model.__init__()
    start=time.time()
    optimiser = optim.SGD(model.parameters(), lr=lr)
    criterion = nn.CrossEntropyLoss()
    for epoch in range(epochs):
        for i, (images, labels) in enumerate(trainLoader):
            optimiser.zero_grad()
            outputs = model(images.view(-1, 28*28))
```

```
            loss = criterion(outputs, labels)
            loss.backward()
            optimiser.step()
    print('Accuracy: {0:.4f}'.format(accuracy(testLoader,model)))
    print('Training time:{0:.2f}'.format(time.time() - start))
```

显而易见，benchmark() 函数采用两个必需的参数（trainLoader、model）来评估模型和数据，epochs 和 1r 使用默认值。为了可以在同一个模型上多次运行，需要初始化模型，否则模型参数将会累积，从而改变最终结果。评估模型运行的代码与原模型使用的代码相同。之后输出训练的准确率和训练时间，这里计算的训练时间实际上只是一个近似值，因为训练时间会受到处理器中正在运行的其他程序、内存大小以及其他不可控因素的影响，应将这个结果作为模型时间性能的相对指标。最后需要一个函数来计算准确率，其定义如下：

```
def accuracy(testLoader, model):
    correct, total = 0, 0
    with torch.no_grad():
        for data in testLoader:
            images, labels = data
            outputs = model(images.view(-1, 28*28))
            _, predicted = torch.max(outputs.data, 1)
            total += lables.size(0)
            correct += (predicted == labels).sum().item()
    return (correct / total)
```

记得加载训练数据集和测试数据集，并使其可迭代。然后运行 3 个模型，并使用下面的程序来比较它们：

```
print('ReLU actiavtion:')
benchmark(trainLoader, model4_1, epochs=5, lr = 0.1)
print('Tanh activation')
benchmark(trainLoader, model4_2, lr= 0.1)
print('sigmoid activation')
benchmark(trainLoader, model4_3,epochs=5,lr = 0.1)
ReLU actiavtion:
Accuracy:0.9575
Training time:36.56
Tanh activation
Accuracy:0.9516
Training time:39.04
Sigmoid activation
Accuracy:0.9199
Training time:38.46
```

可以看到，tanh 和 ReLU 函数的性能都明显优于 sigmoid 函数。对于大多数网络而言，在隐藏层上使用 ReLU 激活函数，在精度和训练时间方面都可以取得最好的效果。ReLU 激活函数一般不用于输出层。对于输出层，由于需要计算损失，所以一般使用 softmax 函数，和前面一样，这里使用 CrossEntropy Loss() 损失函数。第 3 章介绍过，CrossEntropyLoss() 函数包含 softmax 函数。

在此基础上，有几种方法可以改进精度。一个效果较明显的方法就是简单地添加更多的层，这通常是通过交替添加非线性层和线性层来实现的。下面使用 nn.Sequential() 来组建层。使用这个类，在 forward() 中只需要调用顺序对象，而不用调用每个单独的层和函数，这样代码更加紧凑，可读性更强：

```
class Model4_4(nn.Module):
    def __init__(self):
        super(Model4_4b, slef).__init__()
        self.layer1=nn.Sequential(nn.Linear(784,100), nn.ReLU())
        self.layer2=nn.Sequential(nn.Linear(100,50),nn.ReLU(),nn.
                                Linear(50, 10))
    def forward(self, x):
        out = self.layer1(x)
        out = self.layer2(out)
        return out
model4_4b = Model4_4b()
```

在此基础上再添加两层：线性层和非线性 ReLU 层。如何设置输入和输出大小特别重要。在第一个线性层中，输入大小为 784，表示图像大小，这一层的输出设置为 100，因此，第二个线性层的输入必须为 100，这是输出的宽度、卷积核和特征图的数量。第二个线性层的输出是自由选择的，但一般的做法是使这个输出宽度减小，因为要将特征过滤到只有 10 个，即目标类别。为了更加有趣，这里创建了一些模型并尝试不同的输入和输出大小。注意，任何网络层的输入大小都必须与前一层的输出大小相同。3 个模型的输出结果如图 4-1 所示，输出了每个隐藏层的大小，便于读者了解可能出现的情况。

```
3 Linear layers 100 - 50 - 10:
Accuracy: 0.9667
Training time: 38.98
3 Linear layers 1000 -100 - 10:
Accuracy: 0.9724
Training time: 71.02
4 Linear layers 1000 - 500 -50 - 10 :
Accuracy: 0.9773
Training time: 90.86
```

图 4-1　模型输出结果

可以根据需要继续添加更多的层和卷积核，但有时这并不是个好主意。在网络中设置输入及输出大小与数据的大小、形状和复杂度都密切相关。对于简单的数据集，如 MNIST，使用几个线性层就可以得到非常好的结果。但在有些时候，简单地添加线性层或者增加卷积核的数量并不能很好地拟合复杂数据集的高级非线性特征。

4.3　卷积网络

到目前为止，本章已经在网络中使用了线性层，其中每个输入单元都代表图像中的一个像素。另一方面，对于卷积网络，每个输入单元都被分配了一个小的局部**感受野（RF）**。感受野的概念就像人工神经网络本身一样，是以人脑为模型提出的。1958 年，人们发现大脑视觉皮层的神经元会对视野中有限区域的刺激做出反应。更有意思的是，这些神经元只对个别基本形状做出反应。例如，一组神经元可能对水平线有反应，而另一组只对其他方向的线条有反应。据观察，多组神经元可能有相同的感受野，却对不同的形状做出反应。人们还注意到，神经元被组织成层，较深的层会对更复杂的图案做出反应。结果表明，对计算机而言，这是一种学习并分类一组图像非常有效的方法。

4.3.1　单个卷积层

卷积层是有序的，因此第一层的单元仅对其各自的感受野做出响应。下一层的每个单元只与上一层的一个小区域相连，第二隐藏层的每个单元与第三层的一个有限区域相连，以此类推。通过这种方式，网络可以从前一层存在的低级特征中训练学习到更高层次的特征。

实际上，这是通过使用一个滤波器或卷积核来扫描图像，以生成所谓的特征图来实现的。卷积核（Kernel）只是一个感受野大小的矩阵，可以将其想象为一台相机，以离散的步长扫描图像。通过将卷积核矩阵与图像感受野中的值进行逐元素相乘来计算特征映射矩阵，然后将结果矩阵中的值相加，以计算出特征图中的单个数字。卷积核矩阵中的值代表着想从图像中提取的特征，是最终希望模型学习的参数。考虑一个简单的例子，尝试检测图像中的水平线和垂直线。为了简洁，仅使用一个输入维度，黑色用 1 表示，白色用 0 表示。注意，在实践中，这些值是已经缩放并归一化后的浮点数据，代表灰度或彩色值。如图 4-2 所示，将卷积核设置为 2×2 的像素，并使用大小为 1 的步长进行扫描，步长就是移动卷积核的距离，因此步长为 1 会将卷积核移动一个像素。

一次卷积就是对图像的一次完整扫描，每次卷积都会生成一个特征图。在每一步中，都将卷积核与图像感受野（RF）内的元素进行逐元素相乘，并对所得矩阵的值求和。

在图 4-2 中，当在图像上移动卷积核时，**步长 1** 对图像左上角进行采样，**步长 2** 对步长 1 采样区域旁边的一小块像素进行采样，以此类推。当到达第一行的末尾时，需要在边缘添加一个填充像素，因此，将填充像素的值设置为 0 以便对图像的边缘进行采样，用零填充输入数据称作**有效填充（Valid Padding）**。如果不填充图像，那么特征图的尺寸将小于原始图像，填充用于确保原始信息不会丢失。

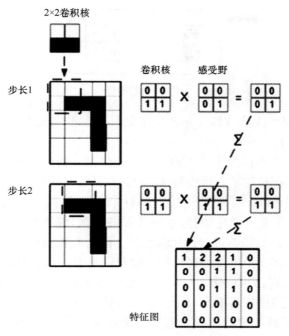

图 4-2　生成特征图的过程

理解输入及输出大小、卷积核大小、单边填充像素数量（在上例中为 1）和步长之间的关系非常重要。下面的公式可以简洁地表达出它们之间的关系：

$$O = \frac{W - K + 2P}{S} + 1$$

式中，O 表示输出大小，W 表示输入高度或宽度，K 表示卷积核大小，P 表示单边填充像素数量，S 表示步长。注意，上式假设输入高度和宽度相同，即输入图像是正方形，而不是长方形。如果输入图像是长方形，则需要分别计算宽度和高度的输出值。

单边填充像素数量可以基于如下公式计算：

$$P = \frac{K - 1}{2}$$

多个卷积核

在每一个卷积层中都可以包含多个卷积核，卷积层中的每个卷积核都会生成自己的特征图。卷积核的数量就是输出通道的数量，也是卷积层生成的特征图的数量，可以使用另一个卷积核生成更多的特征映射。作为练习，读者可以计算由图 4-3 所示的卷积核生成的特征图。

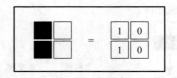

图 4-3 卷积核

通过堆叠卷积核或滤波器，并使用不同尺寸、不同元素值的卷积核，可以从图像中提取各种特征。

此外，卷积核并不局限于一个输入维度。例如，如果正在处理一个 RGB 彩色图像，那么每个卷积核的输入维度是 3。因为在做逐元素的乘法，故卷积核必须与感受野（RF）大小相同。当使用三维空间时，卷积核的输入深度应该为 3，因此，灰度 2×2 卷积核变成了彩色图像的 2×2×3 矩阵。能够使每个卷积核的每次卷积生成一个特征图，也能够进行逐元素乘法，因为卷积核大小与感受野大小相同，只是现在，求和是在 3 个维度上进行的，以获得每个步长所需提取到的单个数字。

有很多方法可以扫描图像，可以改变卷积核的尺寸和元素值，或者可以改变卷积的步幅，包括边缘像素填充大小，甚至包括使用不连续的像素[⊖]等。

为了更好地了解其中的一些可能性，读者可查看 vdumoulin 的动画演示，网址如下：

https://github.com/vdumoulin/conv_arithmetic/blob/master/README.md

4.3.2 多个卷积层

与全连接的线性层一样，可以添加多个卷积层，其与线性层有着相同的限制：
- 计算时间和内存的限制（计算负荷）。
- 倾向于过拟合训练集，而不能推广到测试集。
- 需要大数据集才能有效工作。

适当添加卷积层的好处是，卷积层能够逐步从数据集中提取更复杂的非线性特征。

池化层

通常使用池化层来交叉堆叠卷积层。池化层的作用是缩小前一层卷积生成的特征图的大小，而非深度。池化层保留了 RGB 信息，但压缩了空间信息，这样做的目的是使池化核能够有选择地关注某些非线性特征，这意味着可以通过关注影响最大的参数来减少计算量，参数的减少也会降低过拟合的可能。

为什么使用池化层来减少输出特征图的维数？主要有 3 个原因：
- 通过丢弃不重要的特征来减少计算负荷。
- 参数数量越少，数据过拟合的可能性就越小。
- 可以提取以某种方式转换的特征，如来自不同视角的同一目标图像。

⊖ 这里不连续的像素指的是空洞卷积。——译者注

池化层与普通卷积层非常相似，因为它们都使用核矩阵或者滤波器来对图像进行采样。与卷积层不同，池化层对输入进行了下采样，它减小了输入大小。下采样可以通过增大卷积核大小或步长来实现，或者两者一起使用。回顾本章内容"单个卷积层"中的公式，就可以确认这种方法是行得通的。

应注意，在卷积操作中，所做的就是在一幅图像上，每一步长都将两个张量相乘，卷积中的每个后续步长（Stride）再对输入的另一部分进行采样。这种采样是在规定步长内将卷积核与前一卷积层的输出逐元素相乘来实现的，最终结果为一个单一的数字。对于卷积层，这个单一的数字是逐元素相乘并求和得到的；对于池化层，该数字通常由乘积累加运算的平均值或最大值生成。**平均池化（Average Pooling）**和**最大池化（Max Pooling）**是描述这些不同池化层技术的术语。

构建单层卷积神经网络

现在应该有足够的理论基础来构建一个简单卷积网络并理解它是如何运作的。下面是一个模型类的模板，可以从它开始：

```
class CNNModel1(nn.Module):
    def __init__(self):
        super(CNNModel1, self).__init__()
        self.cnn1 = nn.Conv2d(in_channels=1, out_channels=32,
                              kernel_size=5, stride=1, padding=2)
        self.relu1=nn.ReLU()
        self.maxpool1=nn.MaxPool2d(kernel_size=2)
        self.fc1=nn.Linear(32 * 14 * 14, 10)
    def forward(self, x):
        out = self.cnn1(x)
        out = self.relu1(out)
        out = self.maxpool1(out)
        out = out.view(out.size(0), -1)
        out = self.fc1(out)
        return out
model1=CNNModel1()
```

在 PyTorch 中使用的基本卷积单元是 nn.Conv2d 模块。其声明如下：

```
nn.Conv2d(in_channels, out_channels, kernel_size, stride=1, padding = 0)
```

这些参数的值由输入数据的大小和 4.3.1 节中讨论的公式所决定。在本例中，in_channels 设置为 1，表示输入图像只有一个颜色维度。如果使用三通道彩色图像，这个值将设置为 3。out_channels 是卷积核的数量。可以设置为任意值，但应注意，这是有计算代价的，并且性能的提升依赖于更大、更复杂的数据集。对于本例，将输出通道的数量设置为 32。输出通道或卷积核的数量本质上等同于低级特征的数量，有些人认为这些低级特征表示的是目标类别。将步长设置为 1，将单边填充像素值设置为 2，这样做可以确保输出大小与输入大小相同，可以通过将上述值代入本章内容"单个卷积层"中的输出公式中来进行验证。

可以注意到，在 __init__() 方法中实例化了一个卷积层、一个 ReLU 激活函数、一个 MaxPool2d 层和一个全连接的线性层。此处重要的是，读者要了解如何获得传递给 nn.Linear() 函数的参数值，即 MaxPool 层的输出大小，它可以使用输出公式来计算。我们知道，卷积层的输入和输出大小是一样的，因为输入图像是正方形的，所以可以使用 28（输入图像高度和宽度）来表示卷积层的输入以及输出大小。这里已经将卷积核的大小设置为 2，默认情况下，MaxPool2d 将步长设置为卷积核的大小并使用隐式填充（Implied Padding）。出于实用目的，这意味着当使用步长（Stride）和填充（Padding）的默认值时，可以简单地将输入（此处为 28）除以卷积核大小，由于卷积核大小为 2，因而可以轻松地计算出输出大小为 14。由于使用的是全连接的线性层，因此需要展平（特征图的）宽度、高度和通道数。如 nn.Conv2d() 的 out_channels 参数中所设置的，有 32 个通道，因此，全连接的线性层输入大小为 $32 \times 14 \times 14$。其输出大小为 10，因为在本例中，与线性网络一样，使用输出来区分 10 个类别。

该模型的前向传播函数相当简单，只需通过卷积层、激活函数、池化层和全连接的线性层传递 out 变量即可。注意，在此过程中需要调整线性层的输入大小，假设 batch 大小为 100，则池化层的输出是一个四维张量：[100,32,14,14]。这里，out.view(out.size(0),−1) 将这个四维张量重塑为一个二维张量：[100,$32 \times 14 \times 14$]。

为了更具体地说明这一点，下面开始训练模型，查看几个变量，可以使用与上面几乎相同的代码来训练卷积模型，但是需要更改 benchmark() 函数中的一行代码。由于卷积层可以接收多个输入维度，因此不需要展平输入宽度和高度。对于前面的线性模型，使用以下代码来展平输入数据：

```
outputs = model (images.view(-1, 28*28))
```

对于模型的卷积层，可以简单地将图像传递给模型，代码如下：

```
outputs = model (images)
```

注意，还必须在 accuracy()（在本章 4.2 节中定义的）函数中修改上述该行代码。

构建多层卷积神经网络

如读者所想，可以通过添加另一个卷积层来改善结果。当添加多个层时，将每层打包成一个序列会很方便，这里 nn.Sequential() 会派上用场：

```
class CNNModel2(nn.Module):
    def __init__(self):
        super(CNNModel2, self).__init__()
        self.layer1 = nn.Sequential(
            nn.Conv2d(1, 16, kernel_size = 5, stride = 1, pad-
                ding = 2),
            nn.ReLU(),
```

```
                nn.MaxPool2d(kernel_size = 2, stride = 2))
        self.layer2 = nn.Sequential(
                nn.Conv2d(16, 32, kernel_size = 5, stride = 1,
                        padding = 2),
                nn.ReLU(),
                nn.MaxPool2d(kernel_size = 2, stride = 2))
        self.lin1 = nn.Linear(32*7*7, 10)
    def forward(self, x):
        out = self.layer1(x)
        out = self.layer2(out)
        out = out.view(out.size(0), -1)
        out = self.lin1(out)
        return out
model2 = CNNModel2()
```

这里初始化两个隐藏层和一个全连接的线性输出层，注意传递给 Conv2d 实例的参数和线性输出。和之前一样，这里只有一个输入维度，第一个卷积层输出 16 个特征图或输出通道。

图 4-4 所示为两层卷积网络。

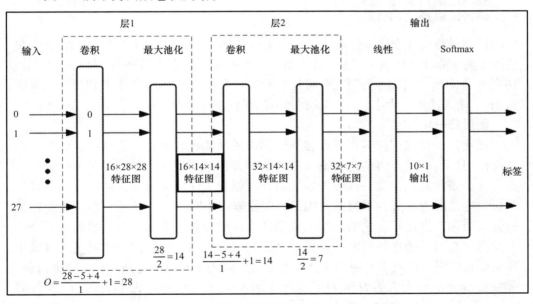

图 4-4　两层卷积网络

图 4-4 清楚地说明了如何计算出输出大小，特别是说明了如何推导出线性输出层输入大小。通过输出公式，在最大池化层之前，第一个卷积层的输出大小与输入大小相同，即 28×28，由于使用了 16 个卷积核或通道，生成了 16 个特征图，因此最大池化层的输入是一个 $16 \times 28 \times 28$ 的张量。最大池化层的池化核大小为 2，步长为 2，默认是隐式填充，这意味着只需将特征图大小除以 2 就可以计算出最大

池化层的输出大小，可以得到输出大小为 $16 \times 14 \times 14$，这是第二个卷积层的输入大小。再次使用输出公式，可以计算出最大池化层之前的第二个卷积层，会生成 14×14 的特征图，大小与其输入相同。由于将卷积核数量设置为 32，因此第二个最大池化层的输入为 $32 \times 14 \times 14$ 矩阵。第二个最大池化层与第一个相同，卷积核大小和步长都设置为 2，默认隐式填充。同样，可以简单地将特征图大小除以 2 来计算输出大小，从而计算出线性输出层的输入。最后，需要将此矩阵展平为一维。因此，线性输出层的输入大小是 $32 \times 7 \times 7$ 的单一维度，也就是 1568。通常需要最后一个线性层的输出大小为类别的数量，在本例中为 10。

可以检查模型参数来查看代码运行时发生了什么：

```
parameters=list((model.parameters()))
for parameter in parameters:
    print(parameter.size())
torch.Size([16, 1, 5, 5])
torch.Size([16])
torch.Size([32, 16 , 5, 5])
torch.Size([32])
torch.Size([10, 1568])
torch.Size([10])
```

模型参数由 6 个张量组成。第一个张量是第一个卷积层的参数。它由 16 个颜色维度为 1 的卷积核组成，其大小为 5。第二个张量是偏置（bias），是一个大小为 16 的单维向量。列表中的第三个张量表示第二个卷积层中的 32 个卷积核，其深度为 16 个输入通道，大小为 5×5。在最后的线性层中将这些维度展平为 10×1568。

批量归一化

批量归一化被广泛应用于改善神经网络的性能。它通过稳定每层输入的分布来起作用，这是通过调整这些输入的均值和方差来实现的。学术界对于批量归一化为什么如此高效存在一些疑问，这很好地触及了深度学习研究的本质。一些学者认为这是因为它减少了所谓的**内部协变量偏移（ICS）**，即前面层参数更新导致的分布变化。批量归一化的最初动机是减少这种偏移带来的影响，然而，至今尚未发现 ICS 与性能之间的明确关系。最近的研究表明，批量归一化通过平滑优化环境而起作用，从根本上说，这意味着梯度下降的工作效率更高。有关详细信息，可参阅 Santurkar 等人的 *How Does Batch Normalization Help Optimization*，网址为 https://arxiv.org/abs/1805.11604。

批量归一化使用 nn.BatchNorm2d() 函数实现：

```
class CNNModel3(nn.Module):
    def __init__(self):
        super(CNNModel3,self).__init__()
        self.layer1 = nn.Sequential(
            nn.Conv2d(1, 16, kernel_size = 5, stride = 1, pad-
```

```
                    ding = 2),
            nn.BatchNorm2d(16),
            nn.ReLU(),
            nn.MaxPool2d(kernel_size = 2, stride = 2))
        self.layer2 = nn.Sequential(
            nn.Conv2d(16, 32, kernel_size = 5, stride = 1,
                    padding = 2),
            nn.BatchNorm2d(32),
            nn.ReLU(),
            nn.MaxPool2d(kernel_size = 2, stride = 2))
        self.lin1 = nn.Linear(32 * 7 * 7, 10)
    def forward(self, x):
        out = self.layer1(x)
        out = self.layer2(out)
        out = out.view(out.size(0), -1)
        out = self.lin1(out)
        return out
model3 = CNNModel3()
```

该模型与之前的两层卷积神经网络相同，只是添加了卷积层输出的批量归一化。图 4-5 所示是到目前为止建立的 3 个卷积网络的性能输出结果。

```
Single convolutional layer accuracy: 0.9343
Training time: 234.96
Two convolutional layers accuracy: 0.9676
Training time  model2: 386.19
Two convolutional layers with batchnorm accuracy: 0.9844
Training time  model3 :471.86
```

图 4-5　卷积网络性能输出结果

4.4　小结

在本章中，读者学习了如何改进第 3 章计算图与线性模型中构建的简单线性网络，如可以通过添加线性层、增加网络宽度、增加模型运行 epoch 数量和调整学习率来改善其性能。但是，线性网络无法捕获数据集的非线性特征，并且在某些时候其性能会陷入停滞状态[⊖]。另一方面，卷积层使用卷积核来学习非线性特征。可以看到，通过增加两个卷积层，模型在 MNIST 上的性能有了显著提高。

下一章将研究一些不同的网络架构，包括循环网络和长短期记忆网络。

⊖　随着迭代次数的增加精度不再明显提高，从而停留在较低水平。——译者注

第 5 章
其他神经网络架构

循环网络在本质上是能够保留状态的前馈网络。目前为止介绍过的所有网络都需要一个固定大小的输入（如一张图像），并给出一个固定大小的输出（如特定类的概率）。而循环网络与介绍过的网络的不同之处在于，循环网络可以接收任意大小的序列作为输入，并产生一个序列作为输出。此外，循环网络隐藏层的内部状态会根据学习函数和输入的结果进行更新。通过这种方式，循环网络可以记住自己的状态，使得后续状态是先前状态的函数。

本章中将学习以下内容：

- 循环网络
- 长短期记忆网络

5.1 循环网络

大量结果表明，循环网络对于时间序列数据的预测非常有效。这是生物大脑的基础，能够使人们做一些事情，如驾驶汽车、演奏乐器、躲避猛兽、理解语言及与动态世界的互动等。这种对时间流动的感知和对事物如何随时间变化的理解是智慧生命的基础。因此这种能力在人工智能系统中的重要性也不言而喻。

理解时间序列数据的能力在创造性工作中也很重要。循环网络在作曲、构造语法正确的句子和创造赏心悦目的图像等方面表现出了一定的作用。

前馈网络和卷积网络在静态图像分类等任务中都取得了很好的效果。但是，在处理连续数据时（如语音识别、手写识别、预测股市价格或预测天气等任务）则需要另一种不同的方法。在这些类型的任务中，输入和输出不再是固定大小的数据，而是任意长度的序列。

5.1.1 循环人工神经元

对于前馈网络中的人工神经元来说，激活的流程只是简单地从输入到输出。而**循环人工神经元（RAN）**则增加了一个从激活层的输出到其线性输入的连接，本质是将输出回传到输入。RAN 可以按时间展开：每个后续状态都是其先前状态的函数。通过这种方式，可以认为一个 RAN 具有其先前状态的记忆。循环人工神经元结构如图 5-1 所示。

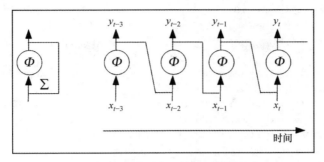

图 5-1　循环人工神经元结构

在图 5-1 中，左半部分显示了单个循环神经元，它将输入 $\boldsymbol{x}$ 与输出 $\boldsymbol{y}$ 相加，产生一个新的输出。右半部分显示了该循环神经元在 3 个时间步长中展开的情况。对于任意给定的时间步长，可以得到输出与输入的方程：

$$\boldsymbol{y}_{(t)} = (\boldsymbol{x}_{(t)}^{\mathrm{T}}.\boldsymbol{w}_x + \boldsymbol{y}_{(t-1)}^{\mathrm{T}}.\boldsymbol{w}_y + b)\boldsymbol{\varPhi}$$

这里，$\boldsymbol{y}_{(t)}$ 是 t 时刻的输出向量，$\boldsymbol{x}_{(t)}$ 是 t 时刻的输入，$\boldsymbol{y}_{(t-1)}$ 是前一时间步的输出，b 是偏差项，$\boldsymbol{\varPhi}$ 是激活项，通常是 tanh 或 ReLU 激活函数。注意，每个单元都有两组权重 $\boldsymbol{w}_x$ 和 $\boldsymbol{w}_y$，分别用于输入和输出。从本质上来说，这仍是用于线性网络的公式，其中额外增加的一项用来表示在 $t-1$ 时刻反馈到输入的输出。

与使用卷积神经网络（Convolutional Neural Networks，CNN）的方式相同，可以使用前一个方程的向量化形式来计算一个批次（batch）数据在整个层上的输出，这在循环网络中也可以实现。循环层的向量化形式如下：

$$\boldsymbol{Y}_{(t)} = (\boldsymbol{X}_{(t)}\boldsymbol{W}_x + \boldsymbol{Y}_{(t-1)}\boldsymbol{W}_y + b)\boldsymbol{\varPhi}$$

这里，$\boldsymbol{Y}_{(t)}$ 是 t 时刻的输出，它是一个大小为（m,n）的矩阵，其中，m 是 batch 中的实例数，n 是层中的单元数。$\boldsymbol{X}_{(t)}$ 是一个大小为（m,i）的矩阵，其中，i 是输入特征的数量。$\boldsymbol{W}_x$ 是一个大小为（i,n）的矩阵，包含当前时间步的输入权重。$\boldsymbol{W}_y$ 是一个大小为（n,n）的矩阵，包含前一时间步的输出权重。

5.1.2　循环网络的实现

为了专注于模型，这里仍然使用熟悉的数据集。即使处理的是静态图像，也可以在 28 个时间步长中将每个输入大小展开为 28 个像素，从而将其视为一个时间序列，使得网络能够对完整的图像进行计算：

```
class Model5_1 (nn.Module):
    def __init__(self):
        inSize = 28
        hiddenSize = 100
```

```
        numLayers = 2
        outSize = 10
        super (Mode l5_1, self).__init__()
        self.rnn = nn.RNN (inSize, hiddenSize, numLayers, batch_
                          first = True)
        self.fc = nn.Linear (hiddenSize, outSize)
    def forward (self, x):|
        h0 = torch. zeros (numLayers, x.size(0), hiddenSize)
        out, hn = self. rnn (x, h0)
        out = self.fc (out [: , -1, : ])
        return out
model5_1 = Model5_1()
```

在前面的模型中，根据 numLayers = 2 可知，使用 nn.RNN() 类创创建了一个具有两个循环层的模型。nn.RNN() 类具有以下默认参数：

```
nn.RNN(input_size, hidden_size, num_layers, batch_first = False,
nonlinearity = 'tanh')
```

它的输入是 28×28 的 MNIST 图像。该模型对每幅图像取 28 个像素，并将 28 个像素在 28 个时间步上展开，以对 batch 中的所有图像进行计算。hidden_size 参数是隐藏层的维度，此参数是人为选取的，在此设置为 100。batch_first 参数指定输入和输出张量的预期形状。人们希望它具有（batch,sequence,features）的形状，即 batch 大小、序列长度和每一步特征的数量。在这个例子中，想要的预期输入 / 输出张量形状为（100,28,28）。但是，默认情况下，nn.RNN() 类使用的输入 / 输出张量的形状为（sequence,batch,features）。因此设置 batch_first = True，以确保输入 / 输出张量的形状为（batch,sequence,features）。

这个例子有两个层。在 forward() 方法中，为隐藏层初始化了一个张量 h0，该张量在模型每次迭代时更新，这个隐藏张量的形状为（layers,batch,hidden），用于表示隐藏态。隐藏态的第二个维度是 batch 的大小。注意，上面将 batch_first 参数设置为 True，所以 batch 是输入张量 x 的第一个维度，使用 x[0] 进行索引。最后一个维度是 hidden_size，本例中将其设置为 100。

nn.RNN() 类的输入由输入张量 x 和隐藏态 h0 组成。这就是为什么在 forward() 方法中需要传入这两个变量。每次迭代都会调用一次 forward() 方法，用于更新隐藏状态并给出输出。记住，迭代次数是轮数（epochs）乘以数据大小再除以 batch 大小所得到的值。

这里的重点是需要使用以下方式对输出进行索引：

```
out = self.fc(out[:, -1, :])
```

我们只对最后一个时间步的输出感兴趣，因为这是该 batch 中所有图像的累积信息。输出的形状是（batch,sequences,features），在模型中为（100,28,100）。特

征的数量就是隐藏的维度或隐藏层中单元的数量。此时，使用冒号作为第一个
索引，以获取所有的 batch；-1 表示只想获得序列的最后一个元素；最后一个冒
号表示需要所有的特征。因此，输出是整个 batch 序列中最后一个时间步的所有
特征。

可以使用完全相同的训练代码，但是，在调用模型时需要重塑输出。对于线
性模型，使用以下代码来重塑输出：

```
outputs = model(images.view(-1, 28*28))
```

对于卷积网络，使用 nn.CNN() 可以传入非扁平化图像。对于循环网络，当使
用 nn.RNN() 时，由于需要输出的格式为（batch,sequences,features），因此可以使
用以下代码来重塑输出：

```
outputs = model(images.view(-1, 28, 28))
```

注意，需要在训练代码和测试代码中修改此行。图 5-2 所示的是使用不同的
层和隐藏层大小配置运行 3 个循环模型的输出结果。

```
2 layers, hidden size 100
Accuracy: 0.9473
Training time: 235.75

 2 layers, hidden size 200
Accuracy: 0.9675
Training time: 497.41

 3 layers, hidden size 200
Accuracy: 0.9717
Training time: 804.50
```

图 5-2　循环模型输出结果

为了更好地理解该模型的工作原理，请思考图 5-3，它表示的是隐藏层大小为
100 的双层循环网络模型。

在 28 个时间步中的每个时间步上，网络都会接收一个由 28 个像素组成的输
入，这些像素是 batch 中每个图像的特征，该 batch 包含 100 幅图像。每个时间步
基本上都是一个两层的前馈网络，它们唯一的区别是每个隐藏层都有一个额外的
输入，该输入由前一个时间步中等效层的输出组成。在每个时间步中，从该 batch
中的 100 幅图像中分别抽取另外 28 个像素。最终，当 batch 中的所有图像全部处
理完毕后，模型的权重将被更新并开始下一次迭代。一旦所有迭代完成，就读取
输出以获得预测。

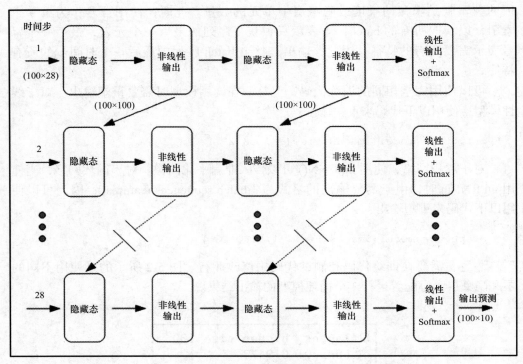

图 5-3　隐藏层大小为 100 的双层循环网络模型

为了更好地理解代码的具体运行，请思考以下代码：

```
for i in range(len(list(model5_1.parameters()))):
    print(list(model5_1.parameters())[i].size())
torch.Size([100, 28])
torch.Size( [100, 100])
torch.Size( [100])
torch.Size( [100])
torch.Size([100, 100])
torch.Size([100 , 100])
torch.Size( [100])
torch.Size([100])
torch.Size( [10 , 100])
torch.Size([10])
```

此处输出了一个隐藏层大小为 100 的两层 RNN 模型权重向量的值。

这里以包含 10 个张量的列表形式检索输出权重。第一个张量大小为 [100,28]，由隐藏层的 100 个输入单元和输入图像的 28 个特征（或像素）组成，这即是循环网络的向量化形式方程中的 W_x 项。下一组参数是尺寸（size），即 [100,100]，由先前方程中的 W_y 项表示。它是隐藏层的输出权重，由大小为 100 的 100 个单元组成。接下来是两个大小为 100 的一维张量，分别是输入层和隐藏层的偏移项。然后是第二层的输入权重、输出权重和偏差。接着读取了一个张量大小为 [10,100] 的层权重，用于使用 100 个特征进行 10 种可能的预测。最后是一个大小为 [10] 的一维张量，包含了输出层偏移项。

在下面的代码中，在一个 batch 图像上复制了模型循环层中的内容：

```
dataiter = iter(trainLoader)
images, labels = dataiter.next()
rnn = nn.RNN(28, 100, 2, batch_first = True)
h0 = torch.zeros(2, images.size(0), 100)
output, hn = rnn(images.view(-1, 28, 28), he)
```

可以看到，这里只是从 trainLoader 数据集对象中创建了一个迭代器，并为一个 batch 的图像分配了一个 images 变量，这与书中训练代码所做的类似。每一个隐藏层都需要有一个隐藏态，所以 h0 包含了对应于两个隐藏层的两个张量。这些张量存储了 batch 中每个图像的 100 个隐藏单元权重。这就解释了为什么需要一个三维张量。

以下代码确定了这些输出大小：

```
output.size()
torch.Size([100, 28, 100])
hn.size()
torch.Size([2, 100, 100])
images.size()
torch.Size([100, 1, 28, 28])
images.view(-1, 28, 28) .size()
torch.Size([100, 28 ,28])
```

从上面第 4 行代码中可以看出：第一个维度大小为 2，表示层数；第二个维度大小为 100，表示从 images.size(0) 中获得的 batch 大小；第三个维度大小为 100，表示隐藏单元的数量。然后将一个重塑的图像张量和隐藏的张量传递给模型。这将会调用模型的 forward() 函数（即向前传播函数）进行必要的计算，并返回两个张量，分别是输出张量和更新后的隐藏态张量。

这应该有助于读者理解为什么需要调整 images 张量的大小。注意到输入的特征是 batch 中每个图像的 28 个像素，它们在 28 个时间步的序列中展开。接下来将循环层的输出传递给全连接线性层：

```
fc = nn.Linear(100, 10)
output2 = fc(output[: , -1 , :])
output2.size()
torch.Size([100, 10])
```

可以看到，对于目前输出中的 100 个特征，每个特征都将提供 10 个预测。这就是只需要索引序列中的最后一个元素的原因。记住，nn.RNN() 的输出大小是（100,28,100）。注意，当使用 -1 对其进行索引时，该张量的大小会发生什么变化，代码如下：

```
output[: , -1 , :].size()
torch.Size([100 , 100])
```

该张量包含 100 个特征，即为该 batch 包含的 100 个图像的每一个的隐藏单元的输出。将其传递到全连接线性层，为每个图像提供所需的 10 个预测。

5.2　长短期记忆网络

长短期记忆（Long Short-Term Memory，LSTM）**网络**是一种能够学习长期依赖关系的特殊类型的 RNN。虽然标准的 RNN 可以在一定程度上记住之前的状态，但它们是在相对初级的层次上通过在每个时间步上更新隐藏状态实现的，这使网络能够保留短期依赖关系。隐藏状态作为先前状态的函数，其保留了这些先前状态的信息。然而，先前状态和当前状态之间的时间步越多，对当前状态的影响就会越小。与紧接当前状态的先前状态相比，相隔当前状态 10 个时间步的先前状态保留的信息要少得多。但一些较早的时间步中仍可能包含与试图解决特定问题或任务直接相关的重要信息。

生物大脑有一种特殊的能力来记住长期依赖关系，并能利用这些依赖关系形成意义和理解。这里以如何联想电影中的情节为例。回忆电影开始时发生的事件，随着情节发展便会领会到它们的相关性。不仅如此，还可以回忆自己生活中为故事情节赋予联系和意义的事件，并将事件的顺序关系应用到对电影的理解中。这种有选择地将记忆应用到当前环境的同时过滤掉不相关细节的能力，是 LSTM 网络设计的策略。

长短期记忆网络试图将这些长期依赖关系整合到人工网络中。它比标准 RNN 要复杂得多。但是，它仍然是基于循环前馈网络的，了解这一理论应该更能帮助读者理解 LSTM 网络。

图 5-4 所示为单个时间步的 LSTM 网络。

与普通 RNN 一样，LSTM 网络中，每个后续的时间步都将前一时间步的隐藏态 h_{t-1} 及数据 x_t 作为其输入。LSTM 网络还能传递在每个时间步上计算的单元状态。可以看到，h_{t-1} 和 x_t 分别被传递给 4 对独立的线性函数，并对每一对线性函数求和。LSTM 网络的核心是将所求的和传递到的 4 个门。首先是**遗忘门**（Forget Gate），它使用一个 sigmoid 函数进行激活，并按元素乘以旧单元状态。记住，sigmoid 函数能有效地将线性输出值压缩为介于 0 和 1 之间的值。乘以 0 将有效地消除单元状态中的特定值，乘以 1 将保持该值。**遗忘门**本质上决定了将哪些信息传递给下一个时间步，这是通过与旧单元状态逐元素相乘来实现的。

输入门（Input Gate）和缩放后的**新候选门**（New Candidate Gate）一起决定保留哪些信息。**输入门**也使用 sigmoid 函数，它乘以一个**新候选门**的输出，从而创建一个临时张量，即缩放后的**新候选门** c_2。注意，**新候选门**使用 tanh 函数激活。记住，tanh 函数的输出值介于 −1 和 1 之间。以这样的方式使用 tanh 和 sigmoid 函数激活，即通过对其输出按元素相乘可以防止梯度消失的问题——输出变得饱和，其梯度不断地趋向于零，使其无法进行有意义的计算。新单元状态是通过将缩放后的新候选门与缩放后的旧单元状态相加来计算的，通过这种方式能够放大输入数据的主要成分。

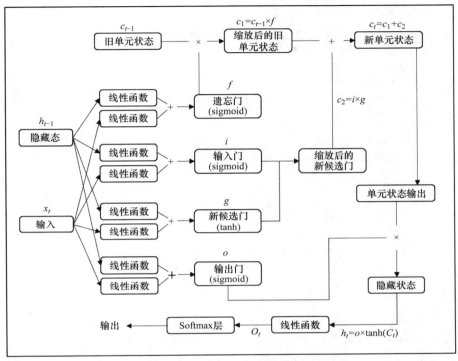

图 5-4　单个时间步的 LSTM 网络

最后一个门，即输出门（**Output Gate**），同样使用 sigmoid 函数。新单元状态通过 tanh 函数传递，并按元素乘以输出门以计算**隐藏状态**。与标准 **RNN** 一样，**此隐藏状态**通过最后的非线性函数（即 sigmoid 函数和 Softmax 函数）来提供输出。这具有增强主要成分、消除次要成分、减小梯度消失的可能以及减少训练集过度拟合的效果。

每个 LSTM 门的计算公式如下：

$$f = \mathrm{sigmoid}(w_1 x_t + b_1 + w_2 h_{t-1} + b_2)$$

$$i = \mathrm{sigmoid}(w_3 x_t + b_3 + w_4 h_{t-1} + b_4)$$

$$g = \tanh(w_5 x_t + b_5 + w_6 h_{t-1} + b_6)$$

$$o = \mathrm{sigmoid}(w_7 x_t + b_7 + w_8 h_{t-1} + b_8)$$

注意到这些公式与 RNN 的公式具有完全相同的形式。唯一的区别在于需要 8 个独立的权值张量和 8 个偏移张量。正是这些额外的权重维度赋予了 LSTM 网络额外的能力来学习和保留输入数据的重要特征，同时丢弃不太重要的特征。可以将一个特定时间步 t 的线性输出层的输出写成如下形式：

$$O_t = w_9 h_1 + b_9$$

5.2.1 长短期记忆网络的实现

以下代码是将用于 MNIST 的 LSTM 网络模型类：

```
class Model5_3(nn. Module):
  def __init__(self):
        super(Model5_3, self).__init__()
        self.inSize = 28
        self.hiddenSize = 100
        self.numLayers = 2
        self.outSize = 10
        self.lstm = nn.LSTM(self.inSize, self.hiddenSize, self.
                            numLayers, batch_first = True)
        selt.fc = nn.Linear(self.hiddenSize, self.outSize)
  def forward(self, x):
        h0 = torch.zeros(self.numLayers, x.size(0), self.hiddenSize)
        c0 = torch.zeros(self.numLayers, x.size(0), self.hiddenSize)
        out, (hn, cn) = self.lstm(x, (h0, c0))
        out = self.fc(out[: , -1 , :])
        return out
model5_3 = Model5_3()
```

注意到 nn.LSTM() 传递的参数与前文中提到的 RNN 相同。这并不奇怪，因为 LSTM 网络是一个处理数据序列的循环网络。又因设置 batch_first = True，所以输入张量的形状为 (batch,sequence,feature)。这里为输出层初始化一个全连接的线性层。注意，在 forward() 方法中，除了初始化一个隐藏态张量 h0 之外，还初始化了一个张量 c0 来保存单元状态。还要注意，out 张量包含全部的 28 个时间步。对于此预测，只关注序列中的最后一个索引即可。这就是在将 out 张量传递给线性输出层之前将 [:,-1,:] 索引应用于 out 张量的原因。可以像之前的 RNN 一样输出这个模型的参数：

```
for i in range(len(list(mode15_2.parameters()))):
  print(list(mode15_2.parameters())[i].size())
torch.Size([400, 28])
torch.Size([400, 100])
torch.Size([400])
torch.Size([400]))
torch.Size([10, 100])
torch.Size([10])
```

这些是具有 100 个隐藏单元的单层 LSTM 网络的参数。此单层 LSTM 网络有 6 组参数。请注意，与 RNN 的输入和隐藏权重张量在第一维中的大小为 100 的情况不同，LSTM 网络的大小为 400，这表示 4 个 LSTM 网络门中的每个门有 100 个隐藏单元。

第一个参数张量为输入层，大小为 [400,28]。第一个索引 400 对应于权重 w_1、w_3、w_5 和 w_7，每个权重大小均为 100，用于指定 100 个隐藏单元的输入。28 表示输入时的特征数或像素数。第二个张量大小为 [400,100]，表示 100 个隐藏单元中每个单元的权重 w_2、w_4、w_6 和 w_8。接着为两个大小为 [400] 的一维张量，是每个 LSTM 网络门的两组偏移项 b_1、b_3、b_5、b_7 和 b_2、b_4、b_6、b_8。之后，得到大小为 [10,100] 的输出张量，指输出大小 10 和权重张量 w_9。最后一个是大小为 [10] 的一维张量，表示偏差 b_9。

5.2.2 构建门循环单元的语言模型

为了证明循环网络的灵活性，将在本节介绍一些不同的内容。到目前为止，一直在使用常用的测试数据集 MNIST。该数据集具有众所周知的特征，对于比较不同类型的模型以及测试不同的架构和参数集非常有用。但是对于另一些任务（如自然语言处理），显然需要完全不同类型的数据集。

此外，到目前为止，本书构建的模型都集中于一个最简单的机器学习任务：分类任务。为了让读者了解其他机器学习任务，并展示循环网络的潜力，下面将要构建的模型是一个基于字符的预测模型。这个模型试图根据前一个字符预测每个后续字符，形成一个通过训练得到的文本体。该模型首先学习并创建正确的元音和辅音序列、单词，并最终得到模仿人类作者创作形式（但不是含义）的句子和段落。

下面是 Sean Robertson 和 Pratheek 编写的代码的改编版，其链接是：

https://github.com/spro/practical-pytorch/blob/master/char-rnn-generation/char-rnn-generation.ipynb

以下是模型定义：

```
class Model5_2(nn.Module):
    def __init__(self , numCharacters):
        super(Model5_2, self). __init__()
        self.input_size = numCharacters
        self.hidden_size = 100
        self.output_size = numCharacters
        self.n_layers = 2
        self.encoder = nn. Embedding(numCharacters, hidden_size)
        self.gru = nn.GRU(hidden_size, hidden_size, n_layers)
        self.decoder = nn.Linear(hidden_size , numCharacters)
    def forward(self, input, hidden):
        input = self.encoder(input.view(1, -1))
        output, hidden = self.gru(input.view(1 , 1 , -1), hidden)
        output = self.decoder(output.view(1, -1))
        return output, hidden
    def init_hidden(self) :
        return torch.zeros(self.n_layers, 1, self. hidden_size)
```

　　该模型的作用是在每个时间步中获取一个输入字符，然后输出最有可能的下一个字符。在随后的训练中，它开始构建模仿训练样本中文本的字符序列。输入和输出大小就是输入文本中的字符数，它是被计算出来并作为一个参数传递给模型的。使用 nn.Embedding() 类来初始化一个编码器张量。这与使用独热编码为每个单词定义唯一索引的方式类似，nn.Embedding 模块将每个单词以多维张量的形式存储在词汇表中，使得能够在词嵌入中编码语义信息。这里需要为 nn.Embedding 模块传递一个词汇表大小信息。该信息指的是输入文本中的字符数，以及对每个字符进行编码的维度。此处指的是该模型的隐藏层大小（hidden_size）。

　　这里使用的词嵌入模型是基于 nn.GRU 模块或门控循环单元（Gated Recurrent Unit，GRU）的，与在上一节中使用的 LSTM 网络模块非常相似；区别在于，GRU 可以视为 LSTM 网络的简化版本，它将输入门（Input Gate）和遗忘门（Forget Gate）合并为单个更新门（Update Gate），并将隐藏状态与单元状态合并。结果表明，在很多任务中，GRU 比 LSTM 更有效。最后，初始化一个线性输出层以解码来自 GRU 的输出。在 forward() 方法中调整输入的大小，并通过线性嵌入层、GRU 和最后的线性输出层返回隐藏状态和输出。

　　接下来需要导入数据，并初始化包含输入文本的可输出字符和输入文本中的字符数的变量。注意，可使用 unidecode 删除非 Unicode 字符。如果尚未安装此模块，则需要导入此模块并将其安装在系统上。这里还定义了两个简便函数：其中一个函数用于将字符串转换为与每个 Unicode 字符等效的整数，另一个用于对训练文本的随机块进行采样。random_training_set() 函数返回两个张量：inp 张量包含该块中除了最后一个字符以外的所有字符；target 张量包含该块中偏移为 1 的所有元素，因此包含最后一个字符。例如，如果使用大小为 4 的块，并且该块是由表示为 [41、27、29、51] 的 Unicode 字符组成的，那么 inp 张量将为 [41、27、29]，target 张量将为 [27,29,51]。通过这种方式，就可以训练模型以利用目标数据对下一个字符进行预测：

```
allCharacters = string.printable
numCharacters = len(allcharacters)
file = unidecode.unidecode(open( 'data/warandpeace.txt ") . read())
chunk_len = 200
def char_tensor(string):
    tensor = torch.zeros(len(string)).long().unsqueeze(1)
    for c in range(len(string)):
        tensor[c] = allCharacters.index(string[c])
    return tensor
def random_training_set():
    start_index = random.randint(0 , len(file) - chunk_len)
    end_index = start_index + chunk_len + 1
    chunk = file[start_index: end_index]
```

```
inp = char_tensor(chunk[: -1])
target = char_tensor(chunk[1:])
return inp, target
```

接下来编写一个方法来评估模型，它是通过一次传递一个字符来实现的。该模型为下一个最有可能的字符输出一个多项式概率分布。重复此操作以构建一个字符序列，并将它们存储在 predicted 变量中：

```
def evaluate(prime_str = 'A', predict_len = 500, temperature = 0.8) :
    hidden = decoder.init_hidden()
    prime input = char_tensor(prime_str)
    predicted = prime_str
    for p in range(len(prime_str) - 1):
        _ , hidden = decoder(prime_input[p], hidden)
    inp = prime_input[-1]
    for p in range(predict_len):
        output, hidden = decoder(inp, hidden)
        output_dist = output.data.view(-1).div(temperature).exp()
        top_i = torch. multinomial(output_dist, 1)[0]
        predicted_char = allCharacters[top_i]
        predicted + = predicted_char
        inp = char_tensor(predicted _char)
    return predicted
```

evaluate() 函数通过接收 temperature 参数来划分输出并获得评估值，以创建概率分布。参数 temperature 的作用是确定每个预测所需的概率水平。对于大于 1 的参数值，将生成概率较低的字符，这样生成的文本更加随机；对于小于 1 的参数值，将生成概率更高的字符。当参数值接近 0 时，只生成最有可能的字符。对于每次迭代，都会添加一个字符到 predicted 字符串中，直到达到由 predict_len 变量确定的所需长度并返回 predicted 字符串为止。

以下为模型的训练函数：

```
def train(inp, target):
    hidden = decoder.init_hidden()
    decoder.zero_grad()
    loss = 0
    for c in range(chunk_len):
        output , hidden = decoder(inp[c], hidden)
        loss + = criterion(output, target[c])
    loss.backward()
    decoder_optimizer.step()
    return loss.item() / chunk_len
```

将输入块和目标块传递给 train() 函数。for 循环通过对块中的每个字符进行一次迭代来运行模型，更新隐藏状态并返回每个字符的平均损失。

此时已准备好了实例化和运行模型，以下为代码的实现：

```
n_epochs = 1000
print_every = 50
hidden_size = 100
n_layers = 2
lr = 0.01
decoder = Model5_2(numCharacters)
decoder_optimizer = torch.optim.Adam (decoder.parameters(), lr = lr)
criterion = nn.CrossEntropyLoss()
loss_avg = 0
for epoch in range(1, n_epochs + 1):
    loss = train(*random_training_set())
    loss_avg + = loss
    if epoch % print_every == 0:
            print('Epoch: {0:1d} Loss: {1:.4F}'.format (epoch , loss))
            print(evaluate('but' , 100) , '\n')
```

此处将会初始化常用的变量。值得注意的是，这里并没有使用随机梯度下降优化器，而是使用 Adam（Adaptive Moment Estimator）优化器。梯度下降法对所有可学习参数使用单一固定的学习率，Adam 优化器则使用自适应学习率来维持每个参数的学习率，这样可以提高学习效率，特别是在稀疏表示中，例如用于自然语言处理的表示。稀疏表示是指张量中的大多数值都是 0，如在独热编码或词嵌入中。

一旦运行模型，就会输出预测的文本。起初，文本看起来好像是随机的字符序列，然而经过几个周期的训练后，模型学会了将文本格式转换为类似英语的句子和短语。生成模型（Generative Models）是一个强大的工具，能够发现输入数据中的概率分布。

5.3　小结

本章介绍了循环网络，并演示了如何在 MNIST 数据集上使用循环网络。循环网络在处理时间序列数据时非常有效，因为其本质上是按照时间展开的前馈网络。这使得它们非常适合对数据序列进行操作的任务，如手写体识别和语音识别等。人们还研究了一个更为强大的 RNN 变体 LSTM 网络。LSTM 网络使用 4 个门来决定将哪些信息传递到下一个时间步，使其能够发现数据中的长期依赖关系。本章的最后部分构建了一个基于 GRU 的简易语言模型，能够从样本输入文本中生成文本。GRU 是 LSTM 网络的简化版本，共包含 3 个门。它结合了 LSTM 网络的输入门（Input Gate）和遗忘门（Forget Gate），并使用概率分布从样本输入文本中生成文本。

下一章将研究 PyTorch 的一些高级功能，例如在多处理器和分布式环境中使用 PyTorch，还将会介绍如何微调 PyTorch 模型并使用预训练模型进行灵活的图像分类。

第 6 章
充分利用 PyTorch

到目前为止，读者应该能够构建和训练 3 种不同类型的模型：线性、卷积和循环。对这些模型架构背后的理论和数学，以及它们是如何做出预测的，读者应有一定的了解。卷积网络可能是被研究最多的深度学习网络，尤其是在图像数据方面。当然，卷积网络和循环网络都大量地使用了线性层，所以线性网络背后的理论，尤其是线性回归和梯度下降，是所有人工神经网络的基础。

到目前为止，本书的论述是相当有限的。前面的章节探究了经过充分研究的问题，例如使用 MNIST 进行分类，以使读者对基本的 PyTorch 构建块有一个深入的理解。本章是读者使用 PyTorch 解决现实世界问题的一个开端。学完本章后，读者应该可以开始自己的深度学习探索。

本章涉及以下几个部分：
- 使用 GPU（图形处理器）提高性能
- 优化策略和技术
- 使用预处理模型

6.1 多处理器和分布式环境

目前，存在着各种各样的多处理器和分布式环境。使用多个处理器是为了让模型运行得更快。将 MNIST（一个相对较小的数据集，只有 60000 个图像）加载到内存所花费的时间并不长。但是，要考虑有千兆字节（GB）或太字节（TB）的数据，或者数据分布在多个服务器上的情况。当考虑在线模型时，情况会更加复杂，其数据是从多个服务器实时获取的。显然，此时需要一些并行处理能力。

6.1.1 GPU 的使用

使模型运行得更快的最简单的方法是添加 GPU。通过将处理器密集型任务从**中央处理器（CPU）**转移到一个或多个 GPU，可以显著减少训练时间。PyTorch 使用 torch.cuda 模块与 GPU 进行交互。CUDA 是由 NVIDIA 创建的一种并行计算模型，其特点是延迟分配，因此仅在需要的时候才分配资源，由此产生的效率提升是非常巨大的。

PyTorch 使用上下文管理器 torch.device 为特定设备分配张量。下面的代码段为一个示例：

```
import torch
w = torch.rand(3, 3).to('cuda')
tensor([[0.2629, 0.2429, 0.8316],
        [0.1465, 0.3592, 0.9654],
        [0.5141, 0.1318, 0.9772]], device = 'cuda:0')
```

更常见的做法是，使用以下语义测试 GPU 并将设备分配给一个变量。

```
device = torch.device("cuda:0"_if torch.cuda.is_available() else "cpu")
```

"cuda：0"字符串是指默认的 GPU 设备。注意，这里测试是否存在 GPU 设备并将其分配给 device 变量。如果 GPU 设备不可用，则将该设备分配给 CPU。因此不管这台机器上是否有 GPU，代码都可以运行。

回想一下第 3 章"计算图和线性模型"中讨论的线性模型。这里可以使用完全相同的模型定义，但是需要在训练代码中更改一些内容，用来确保在 GPU 上执行处理器密集型操作。一旦创建了 device 变量，就可以为该设备分配操作。

在之前创建的基准函数中，需要在初始化模型后添加以下代码行：

```
model.to(device)
```

还需要确保对选定设备上的图像、标签和输出进行操作。在基准函数的 for 循环中做了以下更改：

```
for epoch in rang(epochs):
    for i, (images, labels) in enumerate(trainLoader):
        images = images.requires_grad_().to(device)
        labels = labels.to(device)
        optimiser.zero_grad()
        outputs = model(images.view(-1, 28*28)).to(device)
```

对于相关功能函数定义的图像、标签和输出，需要执行同样的操作，只需将 .to(device) 附加到这些张量定义中即可。完成这些更改之后，如果在带有 GPU 的系统上运行，其运行速度会明显加快。对于一个具有 4 个线性层的模型，这段代码的运行时间只需 55s 多一点，而在某些系统上仅使用 CPU 运行，运行时间则要超过 120s。当然，CPU 速度、内存和其他因素也会影响运行时间，因此这些基准测试在不同系统上会有所不同。这些训练代码对逻辑回归模型同样适用。进行同样的修改，也适用于前面章节研究过的其他网络的训练代码。几乎任何代码都可以转移到 GPU 上，但要注意的是，每次将数据复制到 GPU 时都会产生计算开销。因此除非涉及复杂的计算，如梯度计算，否则不用将不必要的操作转移到GPU 上。

如果系统上有多个可用的 GPU，那么可以使用 nn.DataParallel() 在这些 GPU

之间透明地进行分配操作。与使用模型封装一样简易，例如：

```
model = torch.nn.DataParallel(model)
```

当然，也可以使用更为细化的方法将特定的操作分配给指定的设备，代码如下：

```
with torch.cuda.device("device:2"): w3 = torch.rand(3, 3)
```

PyTorch 有一个特定的内存空间，可用于加快向 GPU 传送张量的速度。此空间会在张量被重复分配给 GPU 时使用，是通过 pin_memory() 函数来实现的，如 w3.pin_memory()。其主要用途之一是加速数据输入的加载，这将会在模型的训练周期中反复出现。因此，只需要在实例化 DataLoader 对象时将 pin_memory = True 参数传递给它即可。

6.1.2　分布式环境

有时，数据和计算资源在单个物理机上不可用，这就需要通过网络来交换张量数据的协议。在分布式环境中，计算可以通过网络在不同类型的物理硬件上进行，有诸多因素需要考虑，例如，网络延迟或错误、处理器可用性、调度和时间问题以及竞争资源的处理。在人工神经网络（ANN）中，计算必须按照一定的顺序进行。在这个复杂的机制中，对于每个运算的分配与计时，都是通过不同的网络机器与处理器来实现的。值得庆幸的是，这个复杂机制被隐藏在了使用更高级别接口的 PyTorch 内部。

PyTorch 有两个主要的包，每个包都处理分布式和并行环境的各个方面。这是对之前讨论过的 CUDA 的补充。这些包如下：

- torch.distributed
- torch.multiprocessing

PyTorch 分布式软件包（ torch.distributed ）

使用 torch.distributed 是最常见的方法之一。该包提供了通信原语，如类，用于检查网络中的节点数，确保后端通信协议可用，并初始化进程组，其适用于模块层面。torch.nn.parallel.DistributedDataParallel() 类是一个封装 PyTorch 模型的容器，允许它继承 torch.distributed 的功能。较常见的用例会涉及多个进程，每个进程都在各自的 GPU 上运行，无论是本地的还是通过网络的。使用以下代码可将进程组初始化为设备：

```
torch.distributed.init_process_group(backend = 'nccl',world_size = 4,init_method = '...')
```

以上代码在每台主机上运行。后端指定要使用的通信协议。NCCL 后端通常是较快且较可靠的。应注意，这个需要安装在使用的系统上。world_size 是作业中的进程数，init_method 表示指向要初始化的进程的位置和端口的 URL。例如，它可以是一个网络地址（tcp://…）或共享文件系统（file://…/…）。

可以用 torch.cuda.set_devices(i) 设置一台设备。然后，使用 model = distributedDataParallel(model,device_ids = [i],output_device = i) 代码对模型进行赋值。这通常用于生成每个进程并将其分配到处理器的初始化函数中。这样可以确保每个进程都通过使用相同 IP 地址和端口的主处理器进行协调。

PyTorch 的多进程软件包（torch.multiprocessing）

torch.multiprocessor 包是 Python 多处理器包的替代品，其使用方式与 Python 多处理器包完全相同，是一种基于进程的线程接口。其扩展 Python 分布式包的方法之一就是把 PyTorch 张量放置在共享内存中，并且只将其句柄发送给其他进程。这是通过使用 multiprocessing.Queue 对象实现的。通常多处理是异步发生的，也就是说，当某个特定设备的进程到达队列顶部时，该进程将进入队列并执行。每个设备都按照排队的顺序执行进程，PyTorch 在设备之间复制时会定期同步多个进程。这就意味着，对于多进程函数的调用者而言，进程是同步执行的。

编写多线程应用程序的主要难点之一是避免死锁，即避免两个进程争夺单个资源。较常见的原因是当后台线程被锁定或导入模块时派生了子进程。该子进程可能会以损坏的状态生成，从而导致死锁或其他错误。multiprocessingQueue 类本身会产生多个后台线程来发送、接收和序列化对象，这些线程也会导致死锁。可以使用无线程的 multiprocessingQueue.queues.SimpleQueue 来处理这些情况。

6.2 优化技术

torch.optim 包具有许多优化算法，每一种算法都有几个参数，可以使用这些参数微调深度学习模型。优化是深度学习过程中的一个关键组成部分，因此，不同的优化技术成为模型性能的关键也就不足为奇了。注意，优化的主要作用是根据计算出的损失函数的梯度来存储和更新参数状态。

6.2.1 优化算法

除了 SGD 之外，PyTorch 中还提供了很多优化算法。以下代码展示了其中的一种算法：

```
optim.Adadelta(params, lr = 1.0, rho = 0.9, eps = 1e-06, weight_
decay = 0)
```

Adadelta 算法是基于随机梯度下降的，但是，其学习率会随着时间的推移而变化，不是每次迭代都具有相同的学习率。Adadelta 算法可为每个维度维持独立的动态学习率，这样可以使训练更快、更有效，因为与实际计算梯度相比，在每次迭代中计算新学习率的开销是非常小的。Adadelta 算法在各种模型架构、大梯度和分布式环境中处理噪声数据时都表现良好，其对大型模型非常有效，并且在较大的初始学习率下效果也很好。有两个与之相关的超参数还没有论述过：rho 用于计算平方梯度的运行平均值，它决定了衰减率；增加 eps 超参数，是为了提高 Adadelta 的数值稳定性。代码如下：

```
optim.Adagrad(params,lr = 0.01,lr_decay = 0,weight_decay = 0, ini-
tial_accumulater_value = 0)
```

Adagrad 算法（即随机优化的自适应次梯度方法）结合了早期迭代中观察到的训练数据的几何知识，使得这种算法能够寻找到不常见但是具有高度预测性的特征。Adagrad 算法使用自适应学习率，对频繁出现的特征赋予较低的学习率，而对稀有的特征赋予较高的学习率。这样做的目的是找到数据中罕见但非常重要的特征，并相应地计算每个梯度的步长。对于更频繁的特征，学习率在迭代中会下降得更快；而对于更为稀有的特征，学习率则降低得更慢，这意味着稀有特征在多次的迭代中会倾向于保持更高的学习率。Adagrad 算法最适合稀疏数据集，其应用程序示例代码如下：

```
optim.Adam(params, lr = 0.001, betas(0.9, 0.999), eps = 1e-08,
weight_decay = 0, amsgrad = False)
```

Adam（即自适应矩估计）算法使用基于梯度的均值和非中心方差（一阶矩和二阶矩）的自适应学习率。与 Adagrad 算法一样，它存储以前二次方梯度的平均值。它还存储这些梯度的衰减平均值。它在每个维度的基础上计算每次迭代的学习率。Adam 算法结合了 Adagrad 的优点，在稀疏梯度上表现良好，并且具有在非平稳和在线环境下都表现良好的性能。注意，Adam 接收一个可选的 betas 参数元组。它们是用于计算运行平均值和这些均值的二次方的系数。当 amsgrad 标识设置为 True 时，将会启用 Adam 的变体，它结合了梯度的长期记忆，这样有助于收敛。在某些情况下，标准的 Adam 算法是无法收敛的。除 Adam 算法外，PyTorch 还包含 Adam 的两个变体。第一个变体为 optim.SparseAdam，可执行参数的延迟更新，只有出现在梯度中的矩才会被更新并应用于参数中。这就提供了一种更有效的处理稀疏张量方式，例如用于词嵌入的那些张量。第二个变体为 optim.Adamax，可使用无限范数来计算梯度，理论上，这降低了对噪声的敏感性。实际上，选择最佳优化器往往是一个反复试验的过程。

optim.RMSprop 优化器代码如下：

```
optim.RMSprop(params, lr = 0.01, alpha = 0.99, eps = 1e-08,
weight_decay = 0, momentum = 0, centered = False)
```

RMSprop 算法（均方根反向传播）可将每个参数的学习率除以该特定参数最近梯度大小的二次方的动态平均值，确保每次迭代的步长与梯度具有相同的规模，可以达到稳定梯度下降的效果，可减少梯度消失或爆炸的问题。alpha 超参数是一个平滑参数，有助于使网络抗噪声，其用法如下代码所示：

```
optim.Rprop(params, lr = 0.01, etas(0.5, 1.2), step_sizes(1e_06, 50))
```

Rprop 算法（弹性反向传播）是一种自适应算法，它通过使用每个权重的代价函数偏导数的符号而不是大小来计算权重更新，是针对每个权重独立计算的。Rprop 算法接收一对元组参数，即 etas。etas 是乘积因子，会根据在上一次迭代的整个代价函数上计算出的导数符号来增加或减少权重。如果最后一次迭代产生与当前导数相反的符号，则更新参数，使其乘以元组中的第一个值（称为 etaminus），该值小于 1，默认为 0.5。如果与当前迭代中的符号相同，那么该权重将通过乘以 etas 元组中的第二个值（称为 etaplis）进行更新，该值大于 1，默认为 1.2。这样，总误差函数就会被最小化。

6.2.2　学习率调度器

torch.optim.lr_schedular 起到封装器的作用，根据一个特定函数乘以初始学习率来调度学习率。学习率调度器可以单独应用于每个参数组，这样可以加快训练时间，因为通常情况下可以在训练周期开始时使用较大的学习率，并在优化器接近最小损失时缩小该学习率。如果定义了调度器对象，那么通常会使用 scheduler.step() 在每个 epoch 内对其进行逐步调度。PyTorch 中有很多学习率调度器类可用，较常见的如以下代码所示：

```
optim.lr_schedular.LambdaLR(optimizer, lr_lambda, last_epoch = -1)
```

该学习率调度器类使用一个函数乘以每个参数组的初始学习率，如果有多个参数组，则可以作为单个函数或函数列表来传递。last_epoch 是最后一个 epoch 的索引，因此默认值 -1 是初始学习率。此类示例的代码段如下，这里假设有两个参数组：

```
lamb1 = lambda epoch: 0.9 ** epoch
lamb2 = lambda epoch: 0.8 ** epoch
schedular = optim.lr_schedular.LambdaLR(optimizer, lr_lambda =
                                        [lamb1,lamb2], last_epoch
                                        = -1)
```

在每个 step_size 中，optim.lr_schedular.StepLR(optimizer,step_size, gamma = 0.1,last_epoch = -1) 通过一个乘法因子 gamma 来衰减学习率。

当学习率以 gamma 进行衰减时，optim.lr_schedular.MultiStepLR(optimizer,milestones,gamma = 0.1,last_epoch = -1) 会得到一个以 epoch 数量来衡量的 milestones 表。milestones 表是一个不断增加的 epoch 索引列表。

6.2.3　参数组

当一个优化器被实例化时，各种超参数也会被初始化，例如学习率。优化器还会传递特定于每个优化算法的其他超参数。建立这些超参数组是非常有用的，这些超参数可以应用于模型的不同部分。这可以通过创建一个参数组来进行实现，其本质上是一个可以传递给优化器的字典列表。

　　param 变量必须是 torch.tensor 上的迭代器或 Python 字典指定优化选项的默认值。注意，参数本身需要指定为一个有序的集合，例如列表，以便参数在模型运行之间具有一致的序列。

　　可以将参数指定为参数组。考虑下列的代码：

```
import torch
import torch.nn as nn
import torch.optim as optim
w1 = torch.randn(3, 3)
w1.requires_grad = True
optimizer = optim.SGD([w1], lr = 0.1)
print(optimizer.param_groups)
[{'params': [tensor([[-1.2673, 1.5080, -0.2775],
           [-0.5443, 0.7693, 0.2868],
           [1.3169, -0.4790, 1.6926]])], 'lr': 0.1, 'momentum':
            0, 'dampening': 0, 'weight_decay': 0, 'nesterov':
            False}]
```

　　param_groups() 函数返回一个包含权重和优化器超参数的字典列表。前面已经探讨过了学习率。SGD 优化器还有其他几个可以用于微调模型的超参数。momentum 超参数改进了 SGD 算法，有助于加速梯度张量达到最优，通常会使其更快收敛。动量默认为 0，然而使用更高的值（一般在 0.9 左右）通常会导致更加快速的优化。这对于有噪声的数据尤其有效。它通过计算整个数据集的动态平均值有效地平滑数据，进而改善优化。dampening 参数可以与作为阻尼因子的 momentum 结合使用。Weigth_decay 参数应用 L2 正则化。这样损失函数增加了一个项，效果是缩小了参数估计值，使模型更加简易，而且不太可能过拟合。最后，nesterov 参数根据未来的权重预测计算动量。这使得算法能够通过计算梯度来进行预测，其不是根据当前参数，而是根据近似的未来参数。

　　可以使用 param_groups() 函数为每个参数组分配不同的参数集。思考下面的代码：

```
w2 = torch.randn(3, 3)
w2.requires_grad = True
optimizer.add_param_group({'params': w2})
print(optimizer.param_groups)
[{'params': [tensor([[-1.2673, 1.5080, -0.2775],
           [-0.5443, 0.7693, 0.2868],
           [1.3169, -0.4790, 1.6926]])],
           'lr':0.1, 'momentum':0, 'dampening':0, 'weight_de-
           cay':0, 'nesterov': False},
    {'params': [tensor([[0.1312, 0.0589, -0.1158],
               [1.0284, 0.7809, 0.0052],
```

```
                 [-0.4003, 0.1439, -0.2612]])],
        'lr': 0.1, 'momentum': 0, 'dampening': 0, 'weight_
    decay': 0, 'nesterov': False}]
```

这里创建了另一个权重 w2，并将其分配给一个参数组。注意，在输出中有两组超参数，这样能够设置特定于权重的超参数。例如，允许将不同的选项应用于网络中的每一层，可以访问每个参数组，并使用其列表索引更改参数值，如下面的代码所示：

```
optimizer.param_groups[1]['momentum'] = 0.9
print(optimizer.param_groups[1])
{'params': [tensor([[0.0743, 0.8700, 0.9258],
                    [0.3472, 0.3480, 0.9883],
                    [0.3408, 0.8535, 0.1347]])],
        'lr': 0.1, 'momentum': 0.9, 'dampening': 0, 'weight_de-
    cay': 0, 'nesterov': False}
```

6.3 预训练模型

图像分类模型的主要难点之一是缺少标签数据。很难收集足够多的标签数据集来训练模型，这是一项极其耗时耗力的任务。然而对于 MNIST 来说不是问题，因为这些图像相对简单，基本上只由目标特征构成，没有分散注意力的背景特征，并且图像都以相同的方式对齐，且具有相同的规模。一个包含 60000 幅图像的小型数据集足以很好地训练模型。在现实生活遇到的问题中，很难找到如此有组织且一致的数据集。图像的质量往往参差不齐，目标特征可能会被遮盖或失真。它们的比例差别较大，并且图像还可能旋转。解决方案是使用在一个大型数据集中进行预训练的模型架构。

PyTorch 包含 6 种基于卷积网络的模型架构，旨在处理分类或回归任务中的图像。下面详细描述这些模型。

• **AlexNet**：该模型基于卷积网络，并且通过跨处理器并行化操作的策略使其性能实现了显著的改进。其原因是，在卷积网络中，对卷积层和线性层的操作有些不同。卷积层约占总计算量的 90%，但只对 55% 的参数进行操作。对于全连接的线性层，情况恰好相反，只占计算量的 5%，但它们却包含约 95% 的参数。AlexNet 使用不同的并行化策略来考虑线性层和卷积层之间的差异。

• **VGG**：基于大规模图像识别的 VGG（深度卷积网络）背后的基本策略是增加层数，同时对所有卷积层使用一个感受野为 3×3 的小滤波器。所有隐藏层都包含非线性激活函数 ReLU，输出层由 3 个全连接线性层和一个 softmax 层组成。VGG 架 构 包 括 vgg11、vgg13、vgg16、vgg19、vgg11_bn、vgg13_bn、vgg16_bn 和 vgg19_bn 变体。

• **ResNet**：虽然深度网络能够提供更强大的计算能力，但它们可能很难优化和训练。非常深的网络通常会导致梯度消失和爆炸。ResNet 使用包含快捷跳跃连接的残差网络来跳过某些层。这些跳跃层具有可变的权重，因此在初始训练阶段，网络会有效地折叠为几个层，随着训练的进行，会学习到新的特征，层数也会增加。ResNet 版本包括 resnet18、resnet34、resnet50、resnet101 和 resnet152。

• SqueezeNet：SqueezeNet 旨在创建具有更少参数的更小模型，这些模型更易于导出和在分布式环境中运行，可以通过 3 种策略来实现。第一，它将大多数卷积的感受野从 3×3 缩小到 1×1。第二，它减少输入到剩余 3×3 滤波器中输入通道的数量。第三，它在网络的最后一层进行采样。SqueezeNet 可用于 squeezenet1_0 和 squeezenet1_1 变体中。

• DenseNet：是与标准 CNN 不同的密集卷积网络，其权重通过每一层从输入传播到每一层的输出，前面所有层的特征图都用作输入。这样会导致层与网络之间的连接更短，从而鼓励重复使用参数。这样的结果是参数更少并加强了特征的传播。DenseNet 在 Densenet121、Densenet169 和 Densenet201 变体中可用。

• Inception：该架构使用多种策略来提高性能，包括通过缓缓降低输入和输出之间的维数来减少信息瓶颈，将卷积从较大的感受野分解为较小的感受野，以及平衡网络的宽度和深度。最新版本是 inception_v3。重要的是，Inception 要求图像大小为 299×299 像素，其他模型则要求图像大小为 224×224 像素。

这些模型可以通过简单地调用它们的构造函数来使用随机权重进行初始化，如 model = resnet18()。要初始化预训练模型，需要设置 pretrained = True，如设置 model = resnet18(pretrained = True)。这将使用预加载的权重值加载数据集。这些权重是通过在 Imagenet 数据集上训练网络来计算的。该数据集包含超过 1400 万幅图像和 100 多个索引。

这些模型体系架构中的很多部分具有多种配置，如 resnet18、resnet34、vgg11 和 vgg13。这些变体充分利用了层深度、规范化策略和其他超参数的差异。要找到最适合某一特定任务的方法还需要进行一些实验。

另外，应注意这些模型是为处理图像数据而设计的，需要（3,W,H）形式的 RGB 图像。输入图像需要调整为 224×224 像素（除了 Inception，它需要图像大小为 299×299 像素）。重点是它们需要以一种非常特殊的方式进行归一化，可以通过创建一个 normalize 变量并将其传递给 torch.utils.data.DataLoade 来完成，这通常作为 transforms.compose() 对象的一部分。还有一点是 normalize 变量必须被精确地给出以下值：

```
normalize = transforms.Normalize(mean = [0.485, 0.456, 0.406], std = [0.229, 0.224, 0.225])
```

这样确保了输入图像与它们接收训练的 Imagenet 数据集具有相同的分布。

预训练模型的实现

还记得在第 1 章 PyTorch 简介中使用过的 Guiseppe 玩具数据集吗？现在终

于有了足够的工具和知识，能够为这些数据创建分类模型。这里将使用在 Imagenet 数据集上预训练的模型来实现。因为将在一个数据集上获得的知识迁移到另一个通常小得多的数据集上进行预测，所以被称为迁移学习。使用具有预训练权重的网络可以显著提高其在小型数据集上的性能，而且非常容易实现。在最简单的情况下，人们可以将标签图像数据传递给预训练模型，并简单地更改输出特征的数量。记住，Imagenet 具有 100 个索引或潜在的标签。对于此处的任务，希望将图像分为 3 类：toy、notoy 和 scenes。为此，需要把输出特征的数量指定为 3 个。

本节的所有代码全部改编自 Sasank Chilamkurthy 的迁移学习教程，网址是 https://chsasank.github.io。

首先需要导入数据。数据可以从本书的网站（https://github.com/PacktPublishing/Deep-Learning-with-PyTorch-Quick-Start-Guide/tree/master/Capter06）中获得。将此文件解压缩到用户的工作目录中。实际上，可以使用任何读者喜欢的图像数据，只需要它们具有相同的目录结构，即两个用于训练和验证集的子目录，并且在这两个目录中每个类都有子目录。读者可能想尝试其他的数据集，如 hymenoptera（膜翅目）数据集，该数据集包含蚂蚁或蜜蜂两个类（可以从 https://download.pytorch.org/tutorial/hymenoptera_data.zip 中获得），以及来自 torchvision/datasets 的 CIFAR-10 数据集，或者包含 12 个类的更大的且更具挑战性的植物幼苗数据集（可以从 https://www.kaggle.com/c/plant-seedlingsclassification 中获取）。

这里需要为训练和验证数据集应用单独的数据转换，导入数据集并使其可迭代，然后将设备分配给 GPU（如果可用的话），如以下代码段所示：

```
data_transforms = {
    'train': transforms.Compose([
        transforms.RandomResizedCrop(224),
        transforms.RandomHorizontalFlip(),
        transforms.ToTensor(),
        transforms.Normalize([0.485, 0.456, 0.406], [0.229,
                              0.224, 0.225])
    ]),
    'val': transforms.Compose([
        transforms.Resize(256),
        transforms.CenterCrop(224),
        transforms.ToTensor(),
        transforms.Normalize([0.485, 0.456, 0.406], [0.229,
                              0.224, 0.225])
    ]),
}
data_dir = 'toydata'
image_datasets = {x: datasets.ImageFolder(os.path.join(data_dir,
                                 x), data_transforms[x])
                  for x in ['train', 'val']}
```

```
dataloaders = {x: torch.utils.data.DataLoader(image_datasets[x],
                                              batch_size = 4,
                                              shuffle = True)
               for x in ['train', 'val']}
dataset_sizes = {x: len(image_datasets[x]) for x in ['train', 'val']}
class_names = image_datasets['train'].classes
device = torch.device("cuda:0" if torch.cuda.is_available() else "cpu")
```

注意，字典用于存储两个 Compose 对象列表，以便转换训练集和验证集。RandomResizedCrop 和 RandomHorizontalFlip 变换用于增强训练集。对于训练集和验证集，图像被调整大小并进行中心裁剪，然后应用特定归一化值。

使用 dictionary comprehension（字典推导式）可解压缩数据。其使用了 datasets.ImageFolder() 类，它是一个通用数据加载器，用于将数据组织到它们的类文件夹中。本例为它们各自的类提供了 3 个文件夹 NoToy、Scenes 和 SingleToy。此目录结构被复制到 val 和 train 目录中。总共有 117 张训练图像和 24 张验证图像，被分为 3 个类。

可以通过调用 ImageFolder() 的 classes 属性来检索类名，如以下代码段所示：

```
image_datasets['train'].classes
['NoToy', 'Scenes', 'SingleToy']
```

可以使用以下代码段检索一批图像及其类索引：

```
inputs, classes = next(iter(dataloaders['train']))
inputs.size()
torch.Size([4, 3, 224, 224])
```

输入张量的大小为（batch，RGB，W，H）。第一个张量的大小为 4，表示批处理中 4 个图像的类别，包含 0（NoToy）、1（Scenes）或 2（SingleToy）。可以使用以下 list comprehension（列表推导式）来检索 batch 中每个图像的类名：

```
[class_names[x] for x in classes]
['Scenes', 'SingleToy', 'SingleToy', 'SingleToy']
```

现在来看一下用于训练模型的函数。它与之前的训练代码有相似的结构，只是增加了一些内容。训练分为 train 和 val 两个阶段。此外，学习率调度器在训练阶段的每个 epoch 中都需要调用，具体代码如下：

```
def train_model(model, criterion, optimizer, scheduler, num_epochs = 1):
    best_model_wts = copy.deepcopy(model.state_dict())
    best_acc = 0.0
    for epoch in range(num_epochs):
        print('Epoch {}/{}', format(epoch, num_epochs - 1))
        for phase in ['train', 'val']:
            if phase == 'train':
```

```
                        scheduler.step()
                    model.train()
            else:
                    model.eval()
            running_loss = 0.0
            running_corrects = 0
            for inputs, labels in dataloaders[phase]:
                    inputs = inputs.to(device)
                    labels = labels.to(device)
                    optimizer.zero_grad()
                    with torch.set_grad_enabled(phase == 'train'):
                            outputs = model(inputs)
                            _, preds = torch.max(outputs, 1)
                            loss = criterion(outputs, labels)
                            if phase == 'train':
                                    loss.backward()
                                    optimizer.step()
                    running_loss += loss.item() * inputs.size(0)
                    running_corrects += torch.sum(preds == labels.data)
            epoch_loss = running_loss / dataset_sizes[phase]
            epoch_acc = running_corrects.double() / dataset_
            sizes[phase]
            print('{} Loss: {:,4f} Acc: {:.4f}'.format(
                    phase, epoch_loss, epoch_acc))
            if phase == 'val' and epoch_acc > best_acc:
                    best_acc = epoch_acc
                    best_model_wts = copy.deepcopy(model.state_dict())
        print()
    print('Best val Acc: {: 4f}'.format(best_acc))
    model.load_state_dict(best_model_wts)
    return model
```

train_model() 函数将模型、损失标准、学习率调度器和 epoch 数作为参数。模型权重是通过深度复制 model.state_dict() 来进行存储的。深度复制可以确保将状态字典的所有元素都被复制到 best_model_wts 变量中，而不仅仅是引用。每个 epoch 都有两个阶段，一个训练阶段和一个验证阶段。在验证阶段，使用 model.eval() 将模型设置为评估模式。这样会改变一些模型层（通常是 dropout 层）的行为。将 dropout 概率设置为 0，以便在完整的模型上进行验证。在每个 epoch 上，训练阶段和验证阶段的准确性和损失都会进行输出。完成此操作后，就可以输出最佳的验证准确度。

在运行训练代码之前，需要实例化模型并设置优化器、损失标准和学习率调度器。这里使用 resnet18 模型，代码如下。此代码适用于所有 ResNet 变体，但是不一定具有相同的准确度。

```
model = models.resnet50(pretrained = True)
num_ftrs = model_ft.fc.in_features
model.fc = nn.Linear(num_ftrs, 3)
model = model_ft.to(device)
criterion = nn.CrossEntropyLoss()
optimizer_ft = optim.SGD(model_ft.parameters(), lr = 0.001, momen-
                         tum = 0.9)
exp_lr_scheduler = lr_scheduler.StepLR(optimizer_ft, step_size = 7,
                                       gamma = 0.1)
now = time.time()
model = train_model(model_ft, criterion, optimizer_ft, exp_lr_
                    scheduler, um_epochs = 22)
```

该模型使用的所有权重都是在 Imagenet 数据集上训练的，但输出层除外。这里只需要改变输出层即可，因为所有隐藏层的权重都被冻结在它们的预训练状态。这是通过将输出层设置为线性层，并将输出设置为人们预测的类别数来实现的。输出层本质上是正在处理的数据集的特征提取器。在输出中，人们试图提取的特征是类本身。

这里可以通过运行 print(model) 来查看模型的结构。最后一层被命名为 fc，可以使用 model.fc 访问该层。它被分配了一个线性层，并传递了通过 fc.in_features 访问的输入特征的数量以及此处设置为 3 的输出类别数。当运行此模型时，能够达到约 90% 的准确度，考虑到使用的数据集很小，这实际上是相当惊人的。模型能达到 90% 这个准确度是有可能的，因为除最后一层外，大多数训练都是在更大的训练集上进行的。

对训练代码进行一些更改，在其他的预训练模型上或许也可以使用，这是值得读者尝试的练习。例如，只需将输出层的名称从 fc 更改为 classifier，DenseNet 模型就可以直接替换 ResNet，因此，这里编写的不是 model.fc，而是 model.classifier。SqueezeNet、VGG 和 AlexNet 的最后一层都封装在一个顺序容器中，因此要更改输出层 fc，需要经过以下 4 个步骤：

1）找到输出图层中的过滤器数量。

2）将顺序对象中的层转换为列表并删除最后一个元素。

3）在末尾添加一个线性层，指定输出类别的数量。

4）将列表转换回顺序容器，并将其添加到模型类中。

对于 vgg11 模型，可以使用以下代码来实现这 4 个步骤：

```
num_ftrs = model_vgg.classifier[6].in_features
features = list(model_vgg.classifier.children())[:-1]
features.extend([nn.Linear(num_ftrs, 3)])
model_vgg.classifier = nn.Sequential(*features)
```

6.4　小结

　　既然读者已经对深度学习的基础知识有所了解，那么就应该能够轻松地将这些知识应用到自己所感兴趣的具体学习问题上。本章设计了一个使用预训练模型进行图片分类的"取出即可用"的解决方案。如读者所见，它非常易于实现，并且可以应用到所能想到的几乎所有的图像分类问题。当然，不同情况下的实际性能取决于所提供图像的数量和质量，以及与每个模型和任务相关的超参数精确调整。简单地运行带有默认参数的预训练模型，就可以在大多数图像分类任务中获得非常好的结果。除了安装程序的运行环境外，不需要任何理论知识。读者会发现当调整一些参数时，可能会改变网络的训练时间或准确度。例如，读者可能已经注意到，提高学习率可能会在少数 epoch 内显著提高模型的性能，但是在随后的 epoch 中，准确度实际上会下降。这是一个梯度下降过度的例子，并没有找到真正的最优。寻找最佳学习率需要一定梯度下降的知识。

　　为了充分利用 PyTorch 并将其应用于不同领域，如自然语言处理、物理建模、天气和气候预测等（几乎可以应用于任何领域），读者需要对这些算法背后的理论有一定的了解。这样不仅可以改善已知的任务，如图像分类，还可以使读者了解深度学习应该如何应用于某些其他情况，例如，输入数据是一个时间序列，而任务是预测下一个序列。阅读完本书，读者应该知晓解决方法了，答案是使用一个循环网络。读者可能已经注意到，构建的用于生成文本（即对序列进行预测）的模型与用于对静态图像数据进行预测的模型完全不同。但是，需要构建什么样的模型来了解一个特定的过程呢？这些特定过程可能是网站上的电子交通、道路网络上的物理交通、地球上的碳氧循环或者人类生物系统。这些都是深度学习的前沿领域，有着改善人们生活的强大力量，希望读者能探索这些应用。